西点军校写给青少年的16堂情商课

张一兵◎著

XIDIANJUNXIAOXIEGEIQINGSHAONIANDE
16TANGQINGSHANGKE

中国商业出版社

图书在版编目（CIP）数据

西点军校写给青少年的16堂情商课 / 张一兵著 .—北京：中国商业出版社，2013.10

ISBN 978-7-5044-8234-1

Ⅰ. ①西…　Ⅱ. ①张…Ⅲ. ①情商－青年读物②情商－少年读物

Ⅳ. ① B842.6-49

中国版本图书馆 CIP 数据核字 (2013) 第 215968 号

责任编辑：张振学

中国商业出版社出版发行

010-63180647　www.c-cbook.com

（100053 北京广安门内报国寺 1 号）

新华书店总店北京发行所经销

北京毅峰迅捷印刷有限公司

*

710×1000 毫米　16 开　15 印张　200 千字

2013 年 12 月第 1 版　2013 年 12 月第 1 次印刷

定价：32.00 元

＊　＊　＊　＊

前言

PREFACE

情商是发掘情感潜能，运用情感能力影响生活和人生的关键因素，它是人必须具备的生存能力之一。从某种意义上讲，情商甚至比智商更重要，随着未来社会的多元化和融合度日益提高，较高的情商将有助于一个人获得成功。

现在大多数人过多地重视青少年的智商发展，而忽略了他们的情商发展，其实早期的情商教育尤为重要，也就是心理上的一种塑造，如果一个孩子从小性格孤僻、不易合作；自卑、脆弱，不能面对挫折、急躁、固执、自负，情绪不稳定，那么他智商再高，也很难取得成就。而情商应该从小培养。反之情商高的孩子会有很好的自我认知，积极探索，能从探索中建立自信心，能对自我情绪进行控制，有抗挫折能力，喜欢与人交往，愿意分享、合作，能为日后成功做准备。

美国西点军校全称“美国陆军军官学校”，是美国军队培养陆军初级军官的学校，在其200年的历程中，培养了众多军事人才——包括3700多位将军、两届美国总统、四位五星上将，数以千计的世界500强董事长。多年来，西点的荣光照耀着哈德逊河岸，也照亮了无数青少年的心。在对人的情商教育和训练上，西点军校有一套独特的理念和模式。本书罗列了西点军校的情商训练方法，希望对中国青少年的情商起到一定的优化作用。

少年强则一生强，少年强则中国强！青少年时期是一生的关键期，青少年是实现中国梦的根基和后备力量。提高青少年的情商，会让他们变得更强大；提高青少年的情商，这个世界将会变得更好！

本书将全面提高中国青少年的情商指数，如果你已为人父母或者你的工作是跟孩子们打交道，那么请把这些提高情商的技能教给他们，促使他们提高自己的情商，让中国青少年具有不一样的人格魅力。

目录

CONTENTS

第13课 让风度成为一种魅力

第14课 谁也离不开团队精神

第15课 细心让人更加出色

第16课 懂得不断完善自己

第01课

意志力让你变得更强大

中国青少年很多都是独生子女，他们从小就被父母爱着、宠着，所以，很多人意志薄弱，但又意识不到强大的意志力对人生的作用。西点军校用自身实践告诉中国青少年：有坚韧的意志力才能赢得人生的成功。

困难是个纸老虎，你还怕什么

西点军校的教官经常对学员高喊：“意志力让你绝不向敌人投降，意志力让阻碍你的一切跪倒在你的面前！”人为地制造一些困难，让学员去克服，是西点军校独有的心理素质磨炼方式。

在训练中，很多学员摆脱了身上的娇气与懦弱，蜕变为一个真正的强者，毕业于西点军校的巴顿就是一个很好的例子。艾森豪威尔将军这样评价巴顿：“在巴顿面前，没有不可克服的困难和不可逾越的障碍。他简直就像古代神话中的大力神，从不会被战争的重负压倒。在第二次世界大战的历次战役中，没有任何一位高级将领有过巴顿那样神奇的经历和惊人的战绩。”

西点军校毕业生，美国军火大亨杜邦说：“困难是什么？困难就是让弱者逃跑的噩梦，让勇者前进的号角。”具备钢铁意志的人常用“世上无难事”的人生观来看待困难，他们越是遭受打击，越是表现得坚强。

美国南北战争时期的名将格兰特有“战场上的想象大师”之称，他历经了无数影响后人的经典战役，例如，在维克斯堡战役中，格兰特曾经历两次失败，但他没有气馁，而是再次进行了精心策划再战。

格兰特在仔细研究过地图、聆听过大家谈论维克斯堡之后，对部下说出了他再次攻打维克斯堡的决定。大多数人都反对他这样做，认为他的计划太冒险了。他们认为格兰特的计划会毁掉北方打胜这场战争的全部可能性。

但是，格兰特将军还是出兵来到密西西比河西岸，从维克斯堡城前经过。他让部队在城南的一个地方渡河，部队在东岸登陆，在司令官的催促下向内陆突进。为了闪电般地袭击敌军，格兰特将军命令：任何非必需的物品都不准携带。他自己也只带了一把梳子和一柄牙刷，没有替换的衣服，没有毯子，甚至没有战马。军队从维克斯堡南面向内陆进发，格兰特在城北的活动已经麻痹了南方军，他们不明白格兰特在要塞南面登陆的用意。

南方军指挥官慌忙南下，想摧毁格兰特的给养线，但他们发现根本没有什么给养线。因为格兰特违背了一条基本的作战原则：进攻部队的活动不能脱离掩护得很好的给养基地。他完全不受条条框框的约束，他以这片土地为生，一边前进一边就地征集他所需要的食物和马匹，这场战役的胜利改变了南北双方力量的对比，是胜利的转折点。

格兰特将军凭借超人的勇气，战胜了常人无法战胜的困难。如果他没有顽强的意志，绝不可能完成自己的使命。由此可见，一个人的成就与他战胜困难的能力成正比，我们战胜别人所不能战胜的困难越多，所取得的成就也就越大。

西点军校经常邀请一些名人为学员做演讲和报告，目的是让学员汲取名人的成功经验。米契尔就曾经给西点军校的学员们做过多场报告，每个西点学员都很熟悉他的事迹。

米契尔一生中经历了很多磨难。由于一次意外事故，米契尔身上70%以上的皮肤都被烧坏了，他成了人们眼中的怪物。后来，米契尔动过16次手术，每次手术后，他连刀叉都拿不起来，更别提拨电话、上厕所等基本生活能力了。

米契尔以前曾是海军陆战队队员，军队的生活造就了他的顽强意志和不屈精神，米契尔说："我完全可以掌握自己的人生之路，我可以选择把目前的状况看成是一个新的起点。"

米契尔没有被打倒，他带着乐观的精神不懈努力，克服生活中的一个个困难，慢慢地可以照顾自己了。但他不满足，他还在不断地学习其他技能。6个月以后，他又能开飞机了。

后来，米契尔在科罗拉多州买了一幢维多利亚式的房子，他还买了其他房产、一家酒吧和一架飞机。后来他还开了一家公司，专门生产一种以木材为燃料的炉子。他在经商上表现出了出色的管理能力，这家公司成了佛蒙特科罗拉多州第二大私人公司。

但是上天似乎故意考验米契尔。四年之后，米契尔在开飞机时突然发生事故，飞机起飞了，他却摔回了跑道，这重重的一摔几乎要了他的命，米契尔几条脊椎骨全部被摔得粉碎，腰部以下永远瘫痪了。米契尔不解，为何这些倒霉事总是发生在自己身上。但米契尔并没有认输，他认为，在军人的字典里没有“失败”二字。

顽强的米契尔重振精神，他使自己做到了最高限度的生活自理，而不是事事都依靠别人。他又能自信地站在阳光下了，他积极地挑战生活，参与更多的团体活动。后来，他被选为科罗拉多州一个小镇的镇长，职责是保护小镇的美景及环境，使之不因开采矿产而被破坏。米契尔又竞选国会议员，他的自信、乐观为他赢得了荣誉和很高的支持率。

从米契尔的故事中，我们看到了潜伏在一个人身体中的巨大能量。所以，青少年朋友们要明白，面对困难，只要不妥协，每个人都有战胜困难的勇气和能力。

人生就是这样，如果你足够强大，困难就会显得微不足道；如果你很弱小，困难就会显得难以克服。青少年朋友们要懂得，困难就是“纸老虎”，如果你畏缩不前，不敢正视它，它就会猛扑向你、吃掉你。但是，如果你毫不畏惧，敢于正视它，它就会落荒而逃。

冬天的阿尔卑斯山几乎是不可翻越的，在很多法国将军的眼里，翻越阿尔卑斯山太困难了，但是对拿破仑来说，阿尔卑斯山算不了什么。拿破仑知道阿尔卑斯山很可怕，但他觉得自己比阿尔卑斯山更强大。拿破仑勇敢的目光越过了阿尔卑斯山上的终年积雪，看到了山那边碧绿的平原。

列夫·托尔斯泰说：“困难对于人们会产生不同的作用，就像炎热的天气，可以使牛奶变酸，却能使苹果变甜。”著名文学家席勒说：“任何一个苦难与问题的背后，都有一个更大的祝福！”这些话旨在告诉青少年朋友：拿出勇气，像西点军人那样把困难当作前进的号角，并向它发起挑战，你就能赢得人生的成功。

提升情商箴言

如果一个人拥有强大的意志力，那么他就能通过意志力本身，通过自己的身体或通过其他事物，利用这种巨大的精神力量来实现自己的目标。

乔治是中国青少年最好的榜样

乔治·戈瑟尔斯曾经是西点军校的学员，毕业后担任开凿巴拿马运河的总工程师，伟大的巴拿马运河就是在他手里诞生的。戈瑟尔斯说过一句为西点军人所熟知的话：“能否多坚持一分钟，是强者和平庸之徒的分水岭。”乔治·戈瑟尔斯的人生事例也被西点军校列入教案当中。

在西点军校，学员们几乎都具备了与乔治·戈瑟尔斯共同的特点——坚韧。他们深知永不放弃、坚持到底的意义。

1858年6月2日，戈瑟尔斯出生于纽约布鲁克林，由于家境贫寒，11岁就流浪在纽约街头寻找工作，14岁开始给人打工。通过自己的努力，他的工资从每周5美元增加到了每周15美元。

不过，戈瑟尔斯并没有放弃读书的机会，他设法完成了在纽约大学的学业。后来，哥伦比亚大学医学专业录取了戈瑟尔斯，这也是戈瑟尔斯最喜爱的专业。但好景不长，日日夜夜的工作和拼命的学习已经影响到了戈瑟尔斯的健康，戈瑟尔斯不得不放弃了这个专业的学习。后来，戈瑟尔斯决定去考西点军校，戈瑟尔斯给格兰特总统写过一封自荐信，但是总统并没有看到这封信。戈瑟尔斯并不气馁，他又通过自己的努力说服了当时纽约著名的政坛人物考克斯做他的推荐人。

1876年4月21日，戈瑟尔斯进入了西点军校。在西点军校，戈瑟尔斯延续了从小养成的勤工俭学的好习惯，顺利地完成了大学学业。戈瑟尔斯在军校接受训练时培养出来的毅力，造就了那些令他日后名扬四海的品质。

在西点军校这个54人的班级中，戈瑟尔斯是获得二等奖学金的毕业生。在众多毕业生中，仅有两名学员有资格被选为令人羡慕的陆军工程师，戈瑟尔斯便是其中一个；四名优秀的毕业生被选为陆军军官少尉，戈瑟尔斯也是其中之一；戈瑟尔斯是班长；另外，戈瑟尔斯还获得了军事技巧中的最高级别奖学金，并且是那一届学员中的“领袖”。

当戈瑟尔斯毕业后参加工作培训时，长官知道面前这些年轻的军队工程师容易产生骄傲情绪，便想给他们来一个下马威，于是就派戈瑟尔斯去扛沙子。戈瑟尔斯出人意料地回答：“我是来这里学习的。”

这一回答也使那位长官不得不佩服这个新学员的魄力。在那里，他的确学到了很多东西。两年后，他由二等中尉变成了一等中尉，并于九年后获得了上尉军衔。

后来，戈瑟尔斯被美国军事学院选为民用和军事工程学的讲师，又被派去负责和监督田纳西河上贻贝浅滩运河的建造工程。此外，戈瑟尔斯还被任命为防御工事（海岸港口防御）委员会的委员。在这些工作中，戈瑟尔斯不仅表现出了技术上的高度条理性，而且在人员管理上也发挥了情商的作用。人们都喜欢跟戈瑟尔斯在一起做事，因为戈瑟尔斯总能激起人们对工作的忠诚和热情，从而使人获得理想的结果。

戈瑟尔斯说：“要想成功地完成一项任务，你不仅要发挥自己最大的能力和热情，更重要的是要确保让你所管理和指导的每一个人也发挥他们最大的能力。要做到这一点，除了要充满自信，还必须相信自己能够激励别人，让他和你同样有信心。所以，当你领导一个团体做一件事情之前，不仅要了解他们的能力，还要了解和认同他们作为一个人的需求和权利。我的意思是说：一定要关心他们，在所有的事情上都要公正合理地对待他们，把他们看作是人类大家庭中的兄弟姐妹。”

戈瑟尔斯的另一段人生经历还成为西点军校课堂上的经典教案。

有一年冬天，戈瑟尔斯所在部队驻守的城市被围，敌人近在咫尺，情况危急。如果第二天下午之前仍得不到援兵，城市就将完全陷落。长官决定派戈瑟尔斯去河对岸的另一座城市寻求支援，戈瑟尔斯接受了这项艰巨而危险的任务。

戈瑟尔斯马不停蹄地赶到渡口，却看不到一只船，他根本没有办法渡河。按照惯例，渡口一般总会有几只木船摆渡，但是由于兵荒马乱，船夫全都逃难去了，哪会有人在这儿等着渡河的人？戈瑟尔斯心急如焚，心想：如果今晚过不了河，不仅自己会成为俘虏，就连城市也保不住。

夜幕降临后，黑暗和寒冷加剧了戈瑟尔斯的恐惧与绝望。这是戈瑟尔斯一生当中最难熬的一夜，各种痛苦的感觉困扰着戈瑟尔斯，他觉得自己已经四面楚歌，走投无路了。更糟糕的是，当时下起了鹅毛大雪。戈瑟尔斯蜷缩成一团，紧紧抱住战马，借战马的体温取暖，后来他甚至连抱马的力气都没有了。戈瑟尔斯不停地鼓励自己："活下来，一定要活下来！"就这样，戈瑟尔斯摸着黑在寒风冰雪中过了一夜。天亮时，戈瑟尔斯已经被冻得奄奄一息了。

就在戈瑟尔斯醒来时，他的眼前一亮，他发现，那条阻挡他前进的大河上面已经结了一层冰。戈瑟尔斯兴奋不已，他试着在河面上走了几步，发现冰冻得非常结实，完全可以从上面走过去。他欣喜若狂，牵着马从冰上轻松地走过了河面。结果可想而知，戈瑟尔斯搬来了救兵，城市得救了，他也因此获得了"勇敢者"奖章。

通过这次生死考验，戈瑟尔斯懂得了一个道理；"能否多坚持一分钟，是强者和平庸之徒的分水岭。"

还有一个事例可以证明戈瑟尔斯的坚韧品质，那就是他主持开凿巴拿马运河。

1899年，麦金利总统曾指定一个委员会调查美洲中部的运河河道，但是一直等到罗斯福总统执政才开始行动。1904年5月4日，美国政府接管了从大西洋的科隆到太平洋的巴拿马这一段10英里长的运河区域。

机会是留给有准备的人。当有消息说要挑选一名陆军工程师来开凿巴拿马运河时，戈瑟尔斯毫无悬念地成为首选人物，因为他已有的业绩、能力、品质以及美德已众所周知。他自己也早已做了充分的准备——他要将大西洋和太平洋连接起来；他要凿穿两个大陆，使它们彻底分开；他要战胜别人为之却步的困难，创造历史上最伟大的工程建筑奇迹。

刚开始的时候，巴拿马人嘲笑美国政府居然指派了一个军队工程师来管理开凿巴拿马运河，这简直是一件疯狂的事情。组织庞大的人力和物资完成这项人们期待已久的最为宏大的工程，并非一般人能够胜任。工人们认为，这位新上司肯定是一名严格执行军纪的军官，所以最好是学会如何用敬礼来表示服从，并猜想着一个滑稽的上校，身穿鲜艳、华丽、布满饰物的制服，胸前挂六七个勋章，不管乘轿或驾着马车走到哪里，身边总有一大堆溜须拍马的军官伺候着。工人们对新上司并没有抱很大的期望，认为他不会坚持太久就会无功而返。

谁知，戈瑟尔斯悄然来临，并没有礼炮或任何欢迎仪式。他是一个性情温和的人，也不在乎那些虚伪的东西，他来的目的只是修好运河。

戈瑟尔斯在开凿巴拿马运河时，没有使用蒸汽挖掘机，而是选择使用传统的人力。这就需要从头到尾每件事都要靠人来完成，其首要任务便是人力方面的管理。戈瑟尔斯始终相信：只要找到合适的人选，只要对待他们绝对公正，那么人的力量就是无穷无尽和无所不能的。

戈瑟尔斯把劳工看作是这项伟大工程中的朋友，他准备尽最大努力来完成自己的使命；每天他都会走遍工地的每个角落，亲自查看每一件事，他还明令不允许任何官员对任何一个工人施加暴力。

每个星期天上午，他都在自己的办公室举行一次例行的“听政”会，听取每个到来者的意见，受理工人们的投诉，公平地实施奖惩。这些人中有黑人，白人，也有混血儿，只要他们有想法都可以随便说出来。此时戈瑟尔斯表现得比美国最高法院还有权威，他认真听取每个人的意见，他扮演的角色是一个慈祥、宽厚的建议者，而不是一个冷冰冰的法律机器。这些会议实现了他对运河区的有效管理，每个人有什么不满和意见，都可以来这里申诉以及寻求帮助。

戈瑟尔斯并没有住在巴拿马州或科隆，他的办公室总部设在库克拉恰山丘上，每天都身体力行地担负着自己的义务，这些举动赢得了工人们的认可和拥护。巴拿马运河就是在戈瑟尔斯带领工人们经过旷日持久的奋战后开凿出来的。因为完成了人类历史上最伟大的工程，戈瑟尔斯深受后人敬仰。

西点军校把戈瑟尔斯的经历作为教案，不仅是为了增加军校的荣誉，还为了让学员明白：不管做什么事，都要全力以赴，要具备持久的忍耐力。

提升情商箴言

一个才智平庸的人拥有永不放弃的品质，远比一个拥有聪明才智却缺乏坚韧品质的人更受人尊重。

坚持是卓越者的素养

“永不放弃”是西点军校的校规。对此，艾森豪威尔将军解释说：“在这个世界上，没有什么比坚持对成功的意义更大。”经过了严酷磨炼的西点学员明白了“坚持”意味着什么。因为只有坚持，学员才能顺利地通过一项又一项的高强度训练；只有坚持，学员才能战胜一个又一个困难，最终取得胜利；只有坚持，学员才能骄傲地站在西点军校毕业典礼的会场上，宣告自己顺利地完成了学业。

西点军校毕业生、美国陆军五星上将奥马尔·纳尔逊·布莱德雷说：“忍耐是任何人一生中都要经受的最困难的一件事。”

布莱德雷从小就有一个愿望——做一名出色的将军，为此他竭尽全力考入了西点军校。但出乎意料的是，他在毕业后却并没有像其他人那样在军营扎根，而是继续留在军校执教，而且在军校里一待就是很多年，这在美国的将军中是极为罕见的情况。从表面上看，布莱德雷一直徘徊在军营之外，因而也失去了许多晋升的机会和实战的锻炼，这在外人看来简直就是一种莫大的失败，但布莱德雷却认为自己在军校里得到了更多的东西。

布莱德雷从1920年开始担任西点军校数学系的教官，当时的校长是麦克阿瑟将军。

数学从理论上讲是一门逻辑学科，不仅可以培养人的逻辑思维能力，还可以提高人的推理能力。在当数学教授的过程中，布莱德雷的数学水平有了很大的进步。在以后的人生旅途中，每当碰到棘手的难题，布莱德雷在数学上的颇深造诣便可以帮助他更清晰、更有条理地进行思考，这使布莱德雷最终成为美国众多将军中做事最有条理、思维最缜密的人物。

布莱德雷还兼任着西点军校的体育教练，这也使布莱德雷在不经意中锻炼了组织和指挥才能，在训练学校橄榄球队的过程中，布莱德雷细致的思想工作和周密的安排，为他日后成为一个既注重进攻又强调防守的“攻守平衡型将军”打下了良好的基础。在布莱德雷的带领下，球队还曾获得过橄榄球锦标赛冠军。

1929年，布莱德雷来到了本宁堡步兵学校，这是他人生的一大转折点，因为布莱德雷在这里遇到了自己的贵人——本宁堡步兵学校校长马歇尔。

1939年7月，马歇尔就任美国陆军参谋长，布莱德雷预感自己的机会来了。果然，马歇尔很快就指名把布莱德雷调了过去，让他全权负责自己办公室的工作。后来，布莱德雷又被马歇尔调任为本宁堡步兵学校出任校长，随后又出任美军第82师师长。

绕了一个大圈后，布莱德雷成为西点军校同届毕业生中的佼佼者——第一个当上师长的人。他跑到了那些始终在走直线的同学的前面，这就是人生颇具戏剧性的一面。从此，布莱德雷一路飙升，势不可挡，短短几年间，就从师长升为军长，再升为集团军司令，并于战后担任了美国陆军参谋长和参谋长联席会议主席等职务。

对13年的教官生涯，布莱德雷十分珍惜，对他而言，正是有了这些经历，日后的军事生涯才会走得如此顺利。

布莱德雷的经历再次告诉青少年朋友：坚持是卓越与平庸的分水岭！其实，百分之九十九的人的失败，都是因为在“临门一脚”的时候，他们放弃了。正如古希腊哲学家苏格拉底所说：“许多赛跑者的失败，都是失败在最后几步。跑应该跑的路已经不容易，跑到尽头当然更困难。”布莱德雷的成功就来自他内心的那一份坚持，面对种种诱惑，他没有放弃自己内心的追求，持久的忍耐让布莱德雷成为了最后的赢家。

持久的忍耐力是获胜的基石。没有长久的坚持，就不可能取得超人的成就。在西奥多·罗斯福身上，“坚持”二字同样得到了充分体现。

很小的时候，罗斯福就下定决心要实现自己的抱负。小时候，罗斯福患了严重的哮喘病，这让他非常痛苦。医生说，光呼吸就加重了心脏的负担，这个孩子的生命将会非常短暂。父亲告诉罗斯福：“儿子，你头脑很好，却没有了一个好身体。没有身体的帮助，头脑就不能发挥自己应有的作用。所以，你必须让身体强壮起来。”

罗斯福接受了这个挑战，他开始锻炼身体，他每天待在健身房里，为了强身健体的目标苦练。他每天打网球、打曲棍球、划船、游泳，变着方式锻炼身体。虽然医生断定他活不长，但罗斯福用自己的实际行动证明了医生的判断是错误的。

在学习和职业生涯中，罗斯福也拿出了同样的决心。15岁时，他开始发奋学习，准备考哈佛大学。父亲聘请了一位家庭教师教他数学、拉丁文和希腊文。他为自己制定了一个每周5天、每天6–8小时的学习时间表。经过努力，罗斯福顺利地考入了哈佛大学。

罗斯福继承了父亲的理想，并努力通过工作去实现它。他相信人人都需要创造属于自己的未来。政府的责任是保证机会平等，人民的责任就是接受挑战。因此，他下定决心要进入政坛，治理腐败现象。

理想指引着罗斯福，决心又赋予他热情。他以上校的身份组织了“勇猛骑兵队”，同古巴和西班牙作战。他的事业便是争取自由。在任纽约州州长时，他治理企业里的腐败现象，维护移民工人的权利。成为美国总统后，他打压大企业中的压榨和罪恶行为，使工人和经营者都受益，他将其称为“公平交易”。

在培养子女的情商时，罗斯福的坚定得到了最充分的体现，他希望每个孩子都能见义勇为。他对六个孩子说：“放开手脚，遵守规则，冲向目标！”

英国的一句谚语说：“一个人如果有自己系鞋带的能力，那么他就有上天摘星星的机会。”只要坚持下去，一个庸俗平凡的人也会有成功的一天否则即使是一个才识卓越的人，也只能遭遇失败。

提升情商箴言

坚持是卓越者的特点。现实生活中，每个青少年都有自己的理想，却并不是每个青少年都能坚持自己的理想。因此，青少年只有培养自己的耐力，并靠它长久地坚持下去，才能渡过难关，将最初的“不可能”变成“可能”。

死，也不会做“逃兵”

西点教官时常告诫学员：“对于一名军人而言，荣誉高于一切。军人只有战死沙场，没有苟且偷生，军人的字典里没有‘投降’一词。”教官这样说的目的就是培养学员的顽强个性。

永不放弃，面对失败绝不认输是西点军人全力追求的一种性格特质。很多时候，军人面对的并不是你死我活的敌人，而是自己在困难面前的妥协。当心中萌生妥协之意的时候，西点军人的选择是绝不投降，因为如果对困难投降，意志动摇，最终的胜利将离他们远去。

“不认输、不放弃”是西点军人的一种必胜信念，可以推动他们去做别人认为不可能完成的事情。毕业于西点军校的艾森豪威尔将军用自己的经历对这条西点法则做出了形象而深刻的诠释。

第二次世界大战爆发后，美国也参加了这场战争。1942年，艾森豪威尔将军奉命担任驻欧洲的美军司令，并成功指挥了美英联军多次登陆作战，给了法西斯同盟军致命的打击。其中，最著名的就是“诺曼底登陆”。

1944年春，美国将整师的军队以及数百万吨物资源源不断地运到英国，由11个国家的军队组成的300万盟军，将实施人类战争史上规模最大的登陆战役——横渡英吉利海峡，向欧洲大陆进发。这支联盟大军的统帅正是艾森豪威尔将军。

诺曼底登陆战役的代号为“霸王行动”，如果行动成功，将会给希特勒致命的一击。所有准备工作均已就绪，接下来就等好天气了，因为要让300万盟军成功横渡英吉利海峡，需要有空军的掩护，而一旦天气恶劣，空军便无法出战，这将给整个行动带来巨大的损失。

盟军最终确定的登陆日期为1944年6月5日，但是天公不作美，一进入6月，狂风就开始在英吉利海峡肆虐起来，好像是专门积攒力量来阻止盟军登陆的，滔滔巨浪能将整艘船掀翻，形势对盟军十分不利。

1944年6月4日，在这天凌晨的高级军官会议上，负责观测气象的军官阴沉着脸步入了会议室。艾森豪威尔已经从他的脸上读到了结果。根据气象观测，6月5日会有大风，根本不适合出动空军掩护登陆战役。

如果没有空中的掩护，强行登陆无异于将300万盟军拱手献给希特勒。于是，艾森豪威尔立即决定将登陆时间推迟一天，改为6月6日。6月5日凌晨，窗外电闪雷鸣，艾森豪威尔和情绪低落的军官们坐在高级军官会议室里，门开了，负责观测气象的军官兴冲冲地走进来，说：将军们，天气将会突然变好！”他的话音刚落，会场内即爆发出一阵欢呼声。但紧接着气象军官的脸又沉下去了，他缓缓地说：“不过，这样的好天气只能持续36小时，36小时之后还会继续恶化。”

艾森豪威尔疑虑重重：这36小时的好天气要不要利用？这期间天气会不会有变化？行动计划还需不需要变更？所有的问题都集中在艾森豪威尔的大脑中。他飞快地想着：天气如果突然恶化，那无疑会造成灾难性的后果；如果不登陆，再继续推迟登陆的时间，不仅军事秘密有可能被泄露，盟军的士气也会大大削弱。艾森豪威尔知道自己肩上的担子到底有多重，他必须慎重考虑！时间悄悄流逝，艾森豪威尔静静地坐着，此时会场里鸦雀无声，没过多久，艾森豪威尔抬起头，果断地下达命令：“立即行动！”

1944年6月6日凌晨，德军借着月光发现海面上出现了密密麻麻的舰船，顿时吓得魂不附体。他们怎么也没有想到，如此恶劣的天气会突然变好，而且会被艾森豪威尔如此精妙地利用。结果可想而知，法西斯受到重创，第二次世界大战的局势因为这次登陆发生了决定性的变化。

事后，艾森豪威尔接受记者采访时谈到当时的情境，他说：“对阵的双方必须有一个人投降，但投降的绝对不是我。”

战胜人生的逆境，需要超强的忍耐力。其实，这个过程从本质上来说，就是耐力的较量。在这个世界上从来都不乏逆境中成才的例子，从某种意义上来看，那些忍耐力极强的人正是因为经历了逆境才会拥有新生。

美国历史上伟大的总统亚伯拉罕·林肯在当上总统之前数次遭受失败的打击。

1832年，林肯失业了，但是他没有气馁，而是决心做一名政治家——当州议员，糟糕的是，林肯竞选失败了。在一年的时间里，连续遭遇两次人生的“滑铁卢”是痛苦的，但是林肯没有向挫折“投降”，紧接着，林肯着手创办自己的企业，可是不到一年，这家企业就倒闭了。在随后的时间里，林肯不得不为自己的债务到处奔波。随后，林肯又一次参加州议员竞选，这一次他成功了，这让屡受打击的林肯看到了希望。

1835年，林肯订婚了，可是在离结婚还差几个月时，他的未婚妻不幸去世了，这让林肯的精神饱受打击，为此他数月卧床不起。1836年，他患上了神经衰弱。两年后，他的身体才有所好转，于是又开始参加州议会议长的竞选。但是天不遂人愿，他还是失败了。1843年，林肯竞选国会议员，仍然没有成功。

林肯的生活糟糕到了极点——企业倒闭、竞选失败、爱人离世，这一连串的打击实在让人招架不住。但是林肯没有放弃，他还要继续自己的事业，继续为理想而奋斗。

1846年，他又一次参加美国国会议员竞选，这一次，他幸运地当选了。两年以后，任期到了，林肯开始争取连任，因为他觉得自己在议员的位置上一直表现良好，他也相信选民们还会继续支持他。可是，林肯又一次尝到了失败的滋味。

此次竞选让林肯赔上了一大笔钱，为此，林肯又去申请本州的土地官员职务，但是州政府把他的申请退了回来，上面指出：“做本州的土地官员要求有卓越的才能和超常的智力，你的申请未能满足这些要求。”这又是接连两次的失败，然而，林肯没有认输。1854年，他参加议员竞选，结果以失败告终；两年后，他竞选美国副总统提名，结果被对手击败；又过了两年，他再一次竞选参议员，还是失败了。但林肯一直没有放弃自己的追求，最终当选为美国总统。

生活中，青少年很容易受到消极因素的影响，畏惧失败带来的伤痛、对挫折产生恐惧情绪，或是害怕别人的嘲笑等等，这些消极的情绪因素会损伤青少年的意志力。因为强者是在不断的失败中造就的。

提升情商箴言

成功需要一个漫长而艰苦的过程，胜利者往往是那些能够坚持到最后的人。成功的人不一定是最聪明的，但一定是在所有人都放弃的时候，还能继续坚持下去的人。

第02课

勇敢让你无所畏惧

勇敢就是人们有勇于敢为人先的精神或气质。敢为人先不是每个人都具有的气质。只有那些有勇气敢为人先的人才能被称作是勇敢的人。西点军校告诉中国青少年：人生总会遇到很多难题，只有勇敢的人才能成为胜利者。

内心强大才能成为合格的西点军人

西点学子艾森豪威尔说："在西点军校，学员随时随地都可能犯错误。"这句话形象地概括了西点军校纪律的严格程度。

在西点军校求学期间，艾森豪威尔也尝过因为违反纪律而被惩罚的滋味。在西点军校，艾森豪威尔的学习成绩一般，品行排名也并不靠前，在164名学员中，他名列第95位。他因为做事拖拉、喜欢抽烟等毛病，多次受到学校记过的处分。由于在一次比赛中膝盖受伤，他被永远禁止打橄榄球。他还曾因为无视警告带着舞伴乱转悠由军士降为二等兵。

以严格著称的西点军校有健全的管理制度。由于管理与被管理、监督与被监督的渠道很多，学员无论做什么都会受到监督。西点军校还有详细的军规和军纪。这些纪律细则像天网一样罩住学员的一举一动，从课内到课外、从思想到行动、从学习到娱乐，稍不留神，就可能因触犯纪律而受到惩罚。即使在吃饭时也有吃饭的规矩。

就餐的时间一到，学员们就要列队进入餐厅。一声令下，所有学员同时坐下，而且必须坐在指定的位置。每张餐桌还有三名新学员负责保证食品供应，并且每个人都有明确的职责分工——"热饮下士"负责分配茶和咖啡，"冷饮下士"负责分配牛奶、果汁和水，"点心分配员"负责分配蛋糕和馅饼。《学员守则》在用餐上有明确的规定：新学员要清楚地了解坐在本餐桌上的高年级学员在饮料上的嗜好，以保证服务积极、主动、到位。用餐时要挺直腰杆、目不斜视，并且只准看自己的盘子。

正因为有如此多的纪律细则，学员随时随地都可能犯错误，所以西点学员必须保持高度警惕，任何时候都不能松懈，这无疑给学员造成了极大的压力。在西点军校的每一分、每一秒，他们都在经受严峻的考验。一旦哪个学员顶不住压力，无法忍受这些纪律，就有被开除学籍的危险。

另外，西点军校还有严格的排名制度，排名体系颇为苛刻，也有“三好学生”评定标准。西点的“三好学生”必须达到体能、心智、意志三者的平衡，学员之间有着激烈的竞争和博弈。西点军校意在培养全方位的战争人才，因此对毕业生的要求还包括要成为一名绘制军用地图的能手。西点军校制订了两年的课时，要求学员学习绘画，其中包括地形学、测量制图法、直线配景法、阴影和影像绘制法、色彩理论和着色法、徒手风景画、战场侦察轮廓绘制法等。要求之难就像要培养一个工程师、画家，雕刻家和建筑学家于一身的达·芬奇一样。西点学员的压力之大由此可见一斑。如果学员心理承受能力不强，是绝对无法适应这里的学习环境的。

俗话说，宝剑锋从磨砺出。自古以来，凡在历史上有所作为的人物，都经历了极其严峻的考验。无论是谁，想要有所成就，就必须练就超强的心理承受能力。

提升情商箴言

一个人的成功固然受环境、机遇、天赋以及学识等因素的影响，但更重要的是，要经受住通向成功路上的各种压力与磨难的考验。经受不住考验，永远也无法到达胜利的终点。

你凭什么能在这个世界上生存下去

西点军校设置严格的培训课程，就是为了让学员不断经受磨炼，培养学员过硬的心理素质和独立的性格。正如西点军校的宣言所讲的那样“把这些娇生惯养的个人主义者击垮、打碎，然后拾起碎片重塑为合格的军人！”娇生惯养、性格懦弱是每个人必须征服的弱点。

艾森豪威尔五岁的时候，有一次他去叔叔家玩耍。叔叔的房子后面养了两只大鹅。公鹅一见艾森豪威尔，就怪叫着向他扑来。艾森豪威尔吓坏了，于是拼命逃跑。

艾森豪威尔受了几次惊吓后，叔叔找了个旧扫帚交给艾森豪威尔，然后指着大鹅对艾森豪威尔说：“你一定能战胜它。”

当鹅再次向艾森豪威尔冲来时，他拿着扫帚，控制住浑身的颤抖，鼓足勇气大吼一声，挥起扫帚向鹅冲去。鹅调头便跑，艾森豪威尔紧追不舍，最后狠狠地打了鹅一下，鹅惨叫着跑远了。

从此以后，那只鹅只要一见到艾森豪威尔，就会远远地躲开。通过这件事，艾森豪威尔懂得了一个道理：只要勇取迎战，就能战胜对手。

另外一件事也改变了艾森豪威尔懦弱的性格。有一段时间，艾森豪威尔每天放学回家的时候，都被一个与他年龄相仿、粗壮好斗的男孩追赶。一天，这一幕正好被艾森豪威尔的父亲看见，于是父亲冲丈森豪威尔大喊：“你为什么容忍那小子追得你满街跑？去把那小子给我赶走！”

于是，艾森豪威尔不得不停下来，面对令自己感到害怕的对手，摆出反击的姿态。对手立刻被这一招吓住了，慌忙夺路而逃。艾森豪威尔顿时勇气大增，追过去一把将对手抓住，警告说：“如果你再敢找我的麻烦，我就对你不客气！”

父亲和叔叔都没有选择为艾森豪威尔去扫除障碍，而是要求他自己去面对挑战，训练没有合理与不合理，只看有没有必要，这就是艾森豪威尔小时候就懂得的人生哲理。

一个人凭什么能在这个世界上生存下来，而且生存得比其他人更好？答案有两种可能：一是有庞大的家业可继承，天生就可以过衣食无忧的生活；二是具备过人的生存本领，凭智慧和汗水获得想要的成功。

年轻的时候，玩兴正浓、一向养尊处优的青少年，或许从来没有机会考虑生存的压力，因为即使天塌下来也有父母扛着，所以很多青少年觉得现在考虑生存的问题为时尚早。然而，一个人不管是否有能干的父母和不菲的家业做后盾，他都必须有生存的本领，绝不能依靠别人生活一辈子。

否则一旦失去依靠，将会变得一无所有，甚至连生存都受到威胁。

美国加州的蒙特雷镇曾经发生了一场鹈鹕危机。蒙特雷是鹈鹕的天堂，可那一年鹈鹕的数量却忽然减少，生物学家担心出现了禽鸟瘟疫，环境学家认为海水污染已经超过极限，一时间人心惶惶。科学家们最后发现，原因出在镇上新建的钓饵加工厂。

以前，蒙特雷的渔民在海边收拾鱼虾时，总是把鱼内脏扔给鹈鹕吃，久而久之，鹈鹕变得又肥又懒，完全依赖渔民的施舍生存。后来蒙特雷镇建起了一座加工厂，从渔民那里收购鱼内脏，作为原料生产钓饵。世世代代靠人养活的鹈鹕已经丧失了捕鱼的本能！自从鱼内脏有了商业价值，鹈鹕们的免费午餐就没了，过惯了饭来张口日子的鹈鹕仍然日复一日地等在渔船附近，期盼食物能从天而降。不用说，救命的鱼内脏没有降临，它们变得又瘦又弱，很多都饿死了。

有的青少年正像蒙特雷镇的鹈鹕一样，一直以来吃着父母提供的食物沾沾自喜。吃饱了上一顿，等待家人提供下一顿，可就是想不到失去免费食物后的悲惨状况。

有一个家境富裕的男孩，从小到大从来没有受过欺负，也没有经历过什么痛苦或是不顺的事情，可以说是要什么有什么。这个男孩过于娇生惯养，一切都需要父母细心照顾。父母会在他房间安装一个监控器怕他出事，手机话费情况也会检查过问，怕他做错事情；外出时还会有专人陪伴，等等。一直以来都是这样，无论什么时候，无论遇到什么困难，只要男孩一表示自己束手无策，父母便来帮他解决困难，这样的生活一直持续了二十几年。到了二十五六岁，这个男孩还是没有能力承担任何责任。

因为所有应该由他承担的责任，都由别人替他承担了，可想而知，他再长大一点呢？父母不可能永远照顾他，总会有离他而去的时候，那个时候谁又来替他承担责任呢？这就是娇生惯养的恶果。

石油大王洛克菲勒拥有亿万财富，但是他从不娇惯自己的孩子，更不允许孩子沦为毫无承受能力的弱者。大卫是洛克菲勒的儿子，他出生的时候，家里已经有亿万财产，可他们兄弟每周只能得到3角钱的零用钱，同时，按洛克菲勒的要求，每人必须准备一个小账本，将3角钱的使用去向记录在上面。经过检查，如果使用合理，还可以得到奖励。

洛克菲勒让大卫从小就懂得了金钱的价值，零用钱是有限的，如果想获得更多的钱，怎么办？方法只有一个：自己去赚取。大卫小的时候，从家庭杂务中挣钱，例如：捕捉走廊上的苍蝇一只，得1角钱；捕捉阁楼上的老鼠，每只可得到5分钱。另外，大卫设法取得了为全家擦皮鞋的特许权。因此，大卫必须在清晨6点起床，以便在全家人起床之前完成工作。

大卫有一位大学同学，是花钱大手大脚的富家子弟，甚至可以在开口索要之前就能得到想要的任何东西。大卫说："他是我认识的最不幸的人，他换了无数次工作，永远也不会发挥自己的能力。"

假如一个人过惯了养尊处优的生活，很容易变得懒惰，失去理想和追求，没有一点抗压能力，一旦承受一点压力就会精神崩溃。

提升情商箴言

这个世界上最大的依靠就是自己，如果想在这个世界上生存下去并取得一些成就，就必须改变娇生惯养的性格！

西点军校的"勇敢者"游戏

心理学家指出，人格发展有四个阶段：纯真阶段、反抗阶段、平常阶段、创造阶段。西点精英为什么能在众多学员中脱颖而出，取得骄人的成就呢？就是因为具备了超人的胆量和勇气，达到了人格发展的最高阶段。

情景模拟训练是西点军校独特的教育方式。教官在授课时，经常播放美国影片《拯救大兵瑞恩》中的一个片段——美军在诺曼底登陆时遭到德军激烈反抗的一段镜头、教官会引导学员们展开讨论：如果军校学生也面临这种情况，你是勇敢地去参战还是做个逃兵？

另外，西点军校为了提高学员的情商，经常派他们到伊拉克或阿富汗的战场上进行实地战争体验，并利用卫星把学员的体会传送回西点课堂供师生们进行讨论。这种高强度的训练对新学员来说确实有些危险，甚至吃不消。他们有的会大喊大叫、四处狂奔，以逃避内心已经被扩大化的胆怯情绪。其实，所有的危险或困难并不像学员想象的那样不可克服。教官事先已经仔细检查过每一个障碍，知道什么时候应该对新学员喊叫，什么时候要保持沉默。教官还确保学员在战斗中得到各种物质支持。虽然弹药、食品和水很快就会被消耗殆尽，但是大型运输机和直升机很快就会来增加供给。

模拟训练和实战体验培养了学员超人的勇气，即便是面对死亡，他们也会镇定自若。我们不能不叹服西点军校独特的情商训练理念。

人的恐惧情绪是与生俱来的。恐惧情绪初期表现为紧张，然后是担心、迷惑，进而手足无措，无法把握眼前事物的方向，严重的会引起恐惧症。帮助学员克服恐惧情绪，是西点军校情商训练的主要内容之一，新学员只有成功地掌控了内心的恐惧情绪，他们的情商才能得到进一步提升。

西点军校是勇敢者的天堂，是懦弱者的地狱。在西点军校情商训练课中，教官首先会极力帮助学员克服恐惧情绪，让学员变得勇敢无畏。西点军校将这种情商训练叫“勇敢者的游戏”。

为了提升学员的情商，西点军校的教官会假想新学员中普遍存在的恐惧情绪，并且在他们刚到达军校还没平静下来时，便想尽办法加剧他们的恐惧。因为教官非常清楚，在进西点军校之前，这些人都有一种理性的回避恐惧的方法，而现在就是要让他们在恐惧不断出现时表现得勇敢而冷静。所以，西点军校为新学员设置了各种克服恐惧的障碍，可以让他们一步步地接受各种令人恐惧的体验。

人为创造危险环境，让学员体验恐惧情绪，进而摆脱这种情绪的控制，是西点军校特有的情商训练模式。

在西点军校的游泳求生训练中，新学员要身穿军服、背上背包和步枪，从10米高的高塔上跳入游泳池，在水中解开背包，脱掉皮鞋和上衣，再把这些东西绑到一块浮板上。尽管之前西点学员已反复练习，知道一步步该怎么做，可是每次真正到了要向下跳的那一刻，他们还是会感到恐惧，还是会有短暂的停顿，但是没有人会做逃兵，最后每一个人都必须鼓起勇气，完成任务。

在训练中，西点军校的学员不断克服一个又一个恐惧情绪，在这个越来越难的过程中，学员的胆量也逐步变大了。巴顿在西点军校的经历就是一个很好的证明。

在西点军校学习期间，巴顿也经历了一些“勇敢者的游戏”。在骑术练习和比赛中，他总是挑最难越过的障碍和最高的跨栏，在学校的最后一年里，有几次阻击训练时，他突然站起来把头伸进火线区，要试试自己的胆量，他为此受到了父亲的责备，但他总是满不在乎地说：“我只是想看看我会不会害怕，我想锻炼自己，使自己不胆怯。”后来，巴顿成为战场上的勇士，这得益于在西点军校的情商训练。

在西点军校，学员必须接受体能训练，参与相当危险的运动。男生、女生都要修体操、游泳救生和肉搏自卫训练的课程，男生还要修习拳击和摔跤的课程。此外，运动竞赛也是必修课程，而且学员至少有一季要参加团队运动比赛，这些都是有可能受伤的剧烈运动。这些必修课程非常重要，不仅能锻炼学员的体能，同时也培养一种情商素质——勇敢。

提升情商箴言

勇气是每个人心中都存在的一种原型力量。青少年要超越自我，就要敢于战胜一切胆怯、懦弱的心理。

西点人没有什么可怕的

“做一个直面恐惧、敢于冒险的合格军人。”这是西点军校情商训练的一个目标，因为恐惧情绪会摧毁一个人的勇气和创造力。勇士与懦夫的区别在于：面对恐惧时，懦夫选择退缩，而勇士则强迫自己战胜它。西点军校指出，一个人失败的原因往往不是能力低下或力量薄弱，而是勇气不足，战胜不了恐惧情绪，还没上场就败下阵来。所以新学员入校后，首先要进行勇气训练。

在西点军校做演讲时，麦克阿瑟将军说：“不勇敢地打败怯懦，就得一辈子躲着它。”言如其人，麦克阿瑟本人就是一个真正的勇者。

在一次战斗中，麦克阿瑟在雨夜里身穿大衣、头戴钢盔冲在前头，以这种方式带兵作战的将军大概只有麦克阿瑟一人，一般人难以具备这种胆魄。

1918年2月，参加第一次世界大战的麦克阿瑟率领“彩虹师”开进法国洛林南部吕内维尔防区的战壕中。2月26日，他乔装打扮，手提马鞭，脸上涂泥，未报告师长就随法国人的突击队去袭击德军阵地，在异常激烈且残酷的战斗之后，大约有600名德国士兵被俘，麦克阿瑟本人还擒获了一名德军上校。

关于麦克阿瑟非同一般的勇气，有人评价说：“在英雄主义和勇敢行为非常普遍的地方，麦克阿瑟的勇敢是杰出的。”

有一次，敌军发动炮击，麦克阿瑟坐在指挥所里，他身边的参谋人员都为他捏着一把汗，他却镇定自若地对大家说：“整个德国还没造出一发能打死麦克阿瑟的炮弹。”当麦克阿瑟就要卸任“彩虹师”参谋长去任旅长的时候，该师的参谋送给他一个永久的纪念品——金质烟盒，上面刻着：“给勇者中的最勇者。”这是部队给麦克阿瑟的最高荣誉。

罗斯福说：“我们唯一值得恐惧的就是恐惧本身，模糊的、莫名的、轻率的、毫无根据的恐惧，那会让自己变得胆怯，会让我们为了前进所付出的努力都付诸东流。”的确，唯一值得恐惧的就是恐惧本身。很多时候，青少年不是不能战胜困难，而是在行动之前就已经被恐惧情绪吓倒了。恐惧是取得成功的最大障碍，一个面对困难或风险畏缩不前的人不配拥有胜利与荣誉。青少年只有克制内心的恐惧情绪，勇敢向前，才能获得最终的胜利。

德国精神病学专家林德曼独自一人驾着一叶小舟驶进了波涛汹涌的大西洋。在他之前，已经有不少人相继驾舟横渡大西洋，结果没有一个人能够成功，很多人一去不返。林德曼认为，这些死难者首先不是从肉体上败下阵的，主要是死于精神上的崩溃，死于恐怖和绝望，一个人只有对自己抱有信心才能保持精神健康，并能够克服前进道路上的困难。为了验证自己的观点，他决定亲自驾船进行“试验”。

林德曼驾驶的船只有5米长，是当时所知横渡大西洋的最小的船。它的设计适合湖泊、没有急流的河流和平静的沿海水域，没有一点像远洋航行的帆船。虽然如此，但林德曼的小船顽强地抵抗了大西洋的浪涛，尽管曾经两次倾覆，林德曼仍能死里逃生。

出发前，林德曼带了60罐食物、90罐牛奶和72罐啤酒，食物和装备把船塞得太满了，没地方放下一个炉子。旅程中食物不够时，他就只好抓鱼来生吃，在海上航行期间，他的体重减轻了20多公斤。最终，林德曼用72天时间成功横渡了大西洋。

林德曼驾着这艘弱不禁风的小船横渡大西洋时没有做任何记录。他感兴趣的是人应对极限条件下的恐惧方式、他靠自我催眠和他发明的一种“心理卫生”系统来克服恐慌和绝望的情绪。

林德曼独自在波涛中拼搏了两个半月，没有充足的食物，也没有足够的空间，这些给了他试验和改进他的方法的机会。在航行中，林德曼遇到过难以逾越的困难，多次濒临死亡；他的眼前甚至出现了幻觉，运动感也处于麻木状态，有时真有自杀的想法。但只要这个念头一起，他马上就大声自责：“懦夫，你想重蹈覆辙、葬身此地吗？不，我一定能够成功！”生存的希望支持着林德曼，最后他终于成功了。

后来，林德曼回忆说：“我从内心深处相信一定会成功，这个信念在艰难中与我自身融为一体，它充满了我周身的每一个细胞。”

荣誉、胜利、卓越都是为勇敢者准备的，一个被恐惧情绪控制的人是无法成功的，因为他不敢尝试新事物，不敢争取自己渴望的东西，自然就与成功无缘。青少年要记住：只有直面恐惧，才能战胜内心的恐惧。

恐惧情绪是人类最大的敌人，不安、忧虑、嫉妒、愤怒、胆怯等都是恐惧的种种表现。恐惧情绪剥夺人的幸福与能力，使人变为懦夫；恐惧情绪导致失败，使人流于平庸。

恐惧情绪比任何东西都可怕，它能摧残一个人的意志和生命。它能影响人的胃，损害人的修养，减少人的生理与精神活动，进而破坏人的身体健康。恐惧情绪能打破人的希望、消磨人的意志，使人的心力“衰弱”甚至不能面对任何困难。

提升情商箴言

青少年战胜恐惧情绪，只能依靠自己，指望别人的帮助是无用的，走出荒漠最终凭借的是自身的力量与决心。克服恐惧情绪看起来非常困难，但改变却在一念之间。其实，生活中很多恐惧和担心完全是由我们自己想象出来的，想要驱除它，必须在潜意识里彻底根除它。

世界只给无畏者让路

英国作家萧伯纳说：“对于害怕危险的人，这个世界总是危险的。”恺撒说：“懦夫在未死之前，已经身历多次死亡的恐怖和痛苦。”勇气训练是西点军校的重要教学内容。通过培养自尊、自信、自我肯定的意识，可以有效地培养人的勇气。

巴顿是西点军校培养出来的一位勇士，巴顿曾说：“每个人都会害怕，越是聪明的人，越容易害怕。勇敢的人是这样的一群人，他们不会害怕，强迫自己坚持下来。”

巴顿在西点军校学习期间一直注意锻炼自己的勇气和胆量。有一次，巴顿用自己的身体做电击实验。那是在一次物理课上，教授向学员们展示一个直径12英寸、放射着火花的感应圈。一个人问："电击是否会致人丧命？"教授就请提问者进行实验，但这个学员由于胆怯而拒绝了。课后，巴顿请求教授允许他来亲自实验，巴顿虽然知道教授对这种实验的安全性毫无把握，但他认为这恰是考验自己胆量的好机会。

教授稍微迟疑了一下，最后同意了巴顿的请求，教授用带着火花的感应圈在巴顿的胳膊上绕了几圈，一股强烈的电流瞬间传遍了他的全身，但他硬是挺住了。

此后几天，巴顿的胳膊一直是硬邦邦的，不过他又一次印证了自己的勇气和胆量。他写信给父亲："我一直以为自己是个胆小鬼，但现在我开始改变这个看法了。"

勇敢是一种积极情绪，而恐惧则是消极情绪。两者水火不容，你要么强大有力、充满信心；要么就懦弱、感伤。面对一项重大的工作总是采取回避态度，可破坏你的勇气的东西就会破坏你的力量、效率及能力。

像巴顿那种曾引领这个世界的勇敢者，都曾经做过一些在常人看来不可能做到的事情，这就是他们会成为真正领导者的原因。拿破仑说："前面不应该有阿尔卑斯山挡着我们的去路！"于是，他率领部队翻越了阿尔卑斯山，到达了意大利境内，并取得了胜利。在近代的世界战争中，真正的勇敢者也表现出同样不屈不挠的品质。

西点军校的教官经常命令学员问自己这些问题：

"你能够战胜多少困难，承受多少侮辱、多少误解和多少诽谤呢？"

"他人的反对意见是否让你退缩，或者只是使你更坚强，更坚定你的决心呢？"

"你可以毫不退缩地坚持到什么程度呢？"

这就是西点军校对学员所能达到的成功水平的考验。他们这样做的目的就是让学员相信：即使所有的人都反对你，你也可以继续战斗；即使你生活在最黑暗的日子里，也可以让勇气的大旗继续迎风飘扬。只要你能做到这一点，就没有人能够打败你！

意识到自己在生活中还没有做好充分的准备，无法胜任手头上的工作任务，这往往是让青少年感到胆怯的原因之一。能意识到自己存在着的巨大的潜力，会大大增加青少年的勇气，就好像低人一等的感觉会加重青少年的羞怯一样。满怀信心地去利用这种潜能，无疑会给青少年带来克服恐惧的信心。无论发生了什么事情，带着微笑去面对这个世界，这需要极大的勇气。永远相信自己，不随波逐流，这更需要勇气。

心理学家指出，一个自卑者绝不会成为勇敢的人。所以，培养和增强勇气的方法，首先是培养与这种能力相关的品质，比如自信、乐观等。一个人幼年时还不懂事，等稍微大一些，会走路了，就可以教他不要害怕任何事情，要他学会相信自己。这种信心会在他的体内唤起“我可以做到”这样一种信念，一旦“我可以做到”成为他心中不可动摇的信念，那么他就已经获得了一半勇气。我们应该从一开始就把力量灌输到青少年的体内，如果这种力量是强大的，那么他的生命也将更加健康和充满活力；如果这种力量是虚弱的，那么他的生命也将是虚弱的，甚至是不堪一击的。勇气统治着我们的整个精神领域，所有其他能力都服从于勇气。

提升情商箴言

可以为了光荣和自豪而流泪，但不能为了害怕和恐惧而哭泣——这是西点军校的宣言。当青少年遭受挫折和失败的时候，让自己勇敢一些，因为世界只给勇敢者让路。

困难来了，勇敢地迎上去

西点毕业生、美国前总统杰弗逊·戴维斯曾经说过：你别无选择，奔逃的退路上一样可能布设着陷阱、潜伏着敌人，退路往往比前进的道路更加艰难。

西点学员从进校的第一天就被告知，战场上是没有退路的，后退就意味着失败，战士们的唯一出路就是当困难来到时，勇敢地迎上去。

西点人的生涯就像一支离弦的箭或一枚出膛的子弹一样，他们永远也找不到一条具有绝对安全保障的退路。

正如凯撒大帝在公元前一世纪统率军队抵达英格兰时，他就下定了决心，无论遇到什么情况，都绝对不退回罗马。为此，他焚毁了全部船只，也通过这种釜底抽薪的方式振奋了战士们的士气，并一举在英格兰取得了奇迹般的胜利。所以，凯撒大帝成为了西点学员效仿的楷模，培养了西点人从不给自己留退路的性格。继而，在西点人的字典里，决不存在偃旗息鼓、怆惶收兵这样的词汇。

“一旦选择出发就不允许再回头。”这是每一个西点学员都认可的道理。因此，他们一旦下定决心，就会在积极的前行道路上竭尽全力，不达目的决不罢休。而在遇到无可避免的困难时，他们也会适时应变，调整策略，改变方法，对自身和环境做出必要的修整，决不会选择做一个保全自我，却遭人唾弃的逃兵。

西点军校的这一理念，不仅适用于培养优秀军官，也适用于青少年的成长成才。

在第二次世界大战以后，美国的一级的企业家1500多人，总经理一级2000多人都毕业于西点军校。他们认为，单一的MBA教育是培养不出优秀企业家来的。坚韧和刚强的性格是企业家必须具备的品质，而这种品质只有从西点的锻炼中才能够有效地获得。

因此，有许多富豪愿意将自己的孩子送到西点军校来吃苦，目的不是期望自己的孩子成为军官，而是为了改造他们的纨绔习气，炼就他们吃苦耐劳的本领。西点学校也非常适应这一需要，专门为此开设了一个“特别训练班”，被称为“金融大鳄”的索罗斯的父亲于1971年拿出10万美元，让索罗斯参加了这个特别训练班，磨练他的意志和勇气。经过一番残酷苛刻的训练和测试，索罗斯终于在西点军营里学会了生存所必须的能力与精神，为他日后的成功奠定了不可磨灭的根基。

索罗斯的经历对于青少年树立坚强果敢的斗争意识是非常有启发性的。正处在意气风发阶段的青少年们可以仔细想想：是否你的能力比别人差？你为什么做得总是不够好？如果你认可自己的能力，却总是得不到充分的施展时，你是否意识到，要想成为一名成功者，你是否有西点学员不给自己预留退路的决心，始终坚信自己一定能够成功的信心，并在充分发挥自己的聪明才智时，头也不回得勇敢走下去。这些才是你将能力转化为价值的关键所在。

青少年们必须学习西点军人勇于冒险求胜的精神，在生活中首先要有破釜沉舟的勇气，去创造自己的未来，提升自己的价值，以及为更进一步的表现做好准备，也必须每天不断地鞭策自己，不断地朝完美迈进。只要你怀揣必胜的信心和勇气，你就可以比想象中做得更好。就能使自己的平淡生活迸发出激动人心的能量，当苦难不断地向你发出挑战时，恰巧也给了你不断提升和磨砺自己的机会，把握住每一次挑战，你就可以收获不一样的成功。所以，只有坚持不懈、持之以恒的勇者才会最终获得大的成功。

每一人都像是一支独立的军队，每一次实现梦想的行动都像是一次出征。那些一开始就抱有退却念头的人是不可能成就大事的。因为，总想着为自己留后路是一种意志力薄弱的表现，是一种缺乏韧劲儿和勇气的表现。他们永远意识不到，坚强的意志是战胜一切困难的利器，也是无坚不摧、无城不拔的最终法宝。

西点军人的冒险和一往无前的精神是成功必不可少的因素。现在有很多人都渴望成功，却往往因为缺乏这一点重要的品质，而只能看到希望，却无法实现希望。

提升情商箴言

青少年要把西点军人当作自己行动的导师，勇敢地去挑战自己想做的每一件事，不要给自己留退路，只要有一线希望，也要向前努力进发。

第03课

理性是成功者的素养

理性指处理问题时按照事物发展的规律和自然进化原则来考虑的态度，考虑问题、处理事情不冲动，不凭感觉做事情。有人说年轻气盛，这是青少年的短处。所以，青少年应该学学西点军校的学员，让自己变得理性一些——这也是成功者的素养。

要勇敢，更要理性地勇敢

在西点的智能发展方针中有这样一个目标：“高水平的智能，精神承受力和果断性，带有理性的勇敢和正直，责任心和主动性。”对于其中“理性的勇敢”，西点军校给出的解释是：理性的勇敢不是盲目的冒险，不是毫无头脑的血气之勇，不是三分钟热血的冲动，而是更多地表现为临危不惧、冷静分析、坚持到底的原则。

在军队中，军官的职位越高，就越需高度的理性来指导自己的勇敢，使其能在一定的原则下发挥作用。因为军官的职位越高，涉及个人牺牲的问题就越少，涉及他人和全体安危的问题就越多。如果军官只有勇气而丧失了理性，往往会造成无谓的伤亡。西点军校的军事理论指出，在高级军官的活动中，智力、意志力和认识能力起主导作用，具有理性的勇敢是英雄的标志，只有勇气与理性兼备，军队指挥者的眼界才更开阔，结论也才更正确。

著名的老麦克阿瑟将军（“二战”名将麦克阿瑟之父）就是一个集勇气与理性于一身的西点军人。

在美国南北战争的查塔努加之战中，老麦克阿瑟所在军团奉命向一个陡峭的高地发起冲锋，因受到猛烈火力压制而溃退下来。身为副官的麦克阿瑟中尉深知被压在高地上进退两难十分危险，只有占领高地才能保存自己，于是，他带领三名掌旗兵突然出现在山坡上，挥旗挺进。第一个士兵倒下了，第二个、第三个士兵也倒下了，这时，麦克阿瑟毫不畏惧地从倒下的士兵手中接过军旗继续前进，并高声呐喊：“冲啊！威斯康星！”

士兵们这才反应过来，一齐怒吼着冲向高地。

最后麦克阿瑟的军团取得了胜利，而副官麦克阿瑟却精疲力竭地倒在地上，烟尘满面，血染征衣。司令官谢里登奔上山顶，一把抱起麦克阿瑟，动情地对人说："要好好照顾他，他的实际行动真正无愧于任何荣誉勋章。"

一年之内连续得到晋升，成为该军中最年轻的团长和上校。当时，麦克阿瑟年仅19岁。

老麦克阿瑟是在逞能、耍个人英雄主义吗？当然不是。因为麦克阿瑟很清楚，被压制在火力之下，敌人的援军一到他们谁也别想活，冲上去夺取阵地，抢占先机，才能立于不败之地。牺牲在所难免，但这种牺牲是必要的、值得的，也是必须的选择。因此，他成了团里的英雄。

麦克阿瑟的经历告诉青少年：勇敢很重要，但是理性的勇敢更胜一筹，所以我们要把理性当成勇敢的朋友。勇敢绝不等于愚勇，绝不是不自量力、不计代价地横冲直撞。有人说："读《拿破仑传》时，你只需要看到第六页就行了。"

拿破仑之所以能成功，全在于他的坚韧、不认输。《拿破仑传》的第六页正好讲到拿破仑和同学打架。拿破仑个子矮，打不过，但是他下定决心，只要不被打死就要继续。这种自杀式的攻击让同学害怕了，只好道歉了事。其实，这种说法是不妥当的。在这里我们看到的不是一个勇敢的英雄，而是一个自大、固执且不自量力的莽夫。在现实生活中，靠这样的"自杀性袭击"得到的成功更不值得提倡。即便是鼓励培养勇敢品质，也应当注意勇敢和理性的结合。所以，青少年一方面要培养勇往直前的精神，抛开眼前的利害得失，最大限度地争取成功；另一方面也要避免走入偏激、愚勇的死胡同，青少年学会用自己的理智做出冷静、客观的判断。也就是说，要培养理性的勇敢！

提升情商箴言

理性的勇敢就是智勇双全。也就是说，西点军校的培养方向不是将学员培养成为一个不顾一切、不计后果的莽夫，而是旨在培养临危不惧、沉着冷静的勇者。

在危急时刻要保持理智

头脑清楚有时比勇气更重要。这是西点军人秉持的情商理念。在训练中，难免会发生一些不可预料的事情，在面对一些突发事件的时候，大多数学员会产生紧张情绪，这必然会打断他们突破危机和困境的思路。如果他们不能很好地控制这种负面情绪，在找到方法之前自己就会先慌作一团，这样不利于做出正确的判断和行动。所以，教官经常告诫学员，在危机来临时，要警惕这些负面情绪的产生，不要慌乱，一定要镇静，因为办法不是在慌乱中产生的。

埃克森公司董事长利富顿·卡尔是西点军校的毕业生，曾经被派遣至越南。卡尔在越南待了一段时间之后，被晋升为陆军中尉，换防至越南中部一个偏远的地区。

一天傍晚，卡尔正准备回营帐吃饭，突然一枚炮弹在距离他前方几米的地方轰然爆炸，战友在前方高呼："卡尔，我受伤了！"卡尔立即走上前去，发现战友全身是血。这时炮火更为密集了，敌方已经展开了一场猛烈的地面攻击。

卡尔跑回营帐，抓起无线电话卧倒在地。当时有那么一瞬间他完全不知所措，卡尔很害怕，在他过去二十几年的人生中，从未有什么事情威胁到他的生命，而这一次有无数人向他们攻击，要置他们于死地。然而，卡尔深知，越是在危险的情况下越需要保持理智。

之后，卡尔采取了合理的补救措施——他呼叫炮兵营进行火力支援，下令下属士兵进行反击，通知医护人员立即撤出受伤人员——一系列行动有序展开，把损伤降到了最低限度。

如果当时卡尔心里的恐惧和紧张情绪占据了上风，他是否还能在那么恶劣的情况下，将队伍的损失降到最低？只怕是不能的。

面对危机，青少年是否能像卡尔一样保持冷静而随机应变呢？很多青少年遇到危机时，首先让恐慌、害怕占据整个头脑，这样不仅不能解决问题，反而会让问题变得更加复杂，甚至会衍生出更多不必要的麻烦来。

面对突如其来的事情，我们要做的第一件事，便是将情绪稳定下来，如此，才能想出解决问题的办法。

在印度的一家餐厅里，不知什么时候突然钻进一条蛇，这条蛇肆无忌惮地游走在餐桌下。正在进餐的一位女士隐约感到桌子下有东西，她低头一看："天哪，一条蛇。"但是她没有大声叫出来，而是一动不动地让那条蛇爬了过去，然后她叫身边的服务员端来一盆牛奶放到开着玻璃窗的阳台上，

在餐厅就餐的一位男士看到此情景很惊讶，因为他知道，在印度，如果把牛奶放在阳台上，只会招来毒蛇，而且在当地，毒蛇出入各种场合也是常有的事。他敏锐地意识到餐厅里有蛇，而且这蛇就在大厅，只是不知在哪个餐桌下。

这位男士和那位女士一样，虽然有些害怕，但还是镇静下来，因为他知道如果自己说"这里有毒蛇"，必然会使整个餐厅的人慌作一团。于是，他先让自己平静下来，为了防止大家的脚乱动而碰到毒蛇，他幽默地和大家说："我和在座的每个人打个赌，考一考大家的自制力，我数300下，这期间如果你能做到你的脚一动不动，我将输给你们100卢比。否则，你们将付给我100卢比。哈哈，我看你们是输定了。"这位男士故意用激将法刺激大家。餐厅里的人不服气："我看输的人是你吧，快点把钱准备好吧！"

之后，大家一动不动，当他数到280下时，那条蛇已爬到放有牛奶盆的阳台上去了，服务员迅速把窗户关上，那条毒蛇已被关在窗外，在座的人都惊呼起来，纷纷夸赞这位男士的勇敢与理智。如果不是这一招，这期间肯定有不少人的脚要乱动，只要碰到那条蛇，就有可能被它咬伤。男士只是笑笑，指着那位女士说："这位漂亮的女士才是最冷静、最勇敢的人。"

在遇到突发危机的时候，最重要的是保持冷静，处变不惊。如果心慌

了，只能乱上添乱，导致更多的错误。如果青少年在突然事件来临时能做到头脑清醒、沉着冷静，说明他具有高情商——情绪自制力。但是这样的青少年在生活中并不多见，毕竟有高情商的人还是少数。所以要逆行平时的情商素质训练。

提升情商箴言

善于控制自己的情绪，懂得自我控制，当危险来临时，才能做到冷静、沉着。所以说，冷静有时候比勇气更重要。

做事，先要考虑后果

情商专家指出：妥善管理自己的情绪，把握情绪的变化，这样才能够始终保持理智，要努力做到掌控自我，避免情绪冲动和感情用事。

克制冲动情绪是西点军校情商训练中的重要一课。在情商训练中，西点军校的教官经常告诫新学员："在任何情况下都不要冲动，只有保持理智，你才能做出正确的决定和判断！"

许多青少年都会因为一时冲动，做一些出格的事情，做完之后还会认为自己很勇敢。其实，人在无法控制自己的情绪时，都可能做出一些难以预料的事情。在西点军人眼里，这绝不是勇敢。

冲动是魔鬼，一时冲动可能会释放一腔怨气，但是必定招致更大的麻烦，到时候深陷其中不能自拔，方悔之晚矣。冲动不是英雄的特征，更不是真正的勇者所为。真正的英雄能够在强敌面前从容镇定，在紧急时刻也能保持冷静，做出正确的选择。

一时冲动只会酿成大错，冲动和勇敢之间有着本质的区别，法国著名球星齐达内的遭遇就有力地说明了这一点。

2006年德国世界杯，法国队战胜了明星云集、实力强劲的巴西队之后进军决赛，形势一片大好，在决赛中，他们对阵实力稍弱的意大利队，第二次捧得大力神杯是十拿九稳的事。如果取胜了，作为队中绝对核心的老将齐达内也可再上一个台阶，功成名就的光荣退役。

决赛开始了，开场仅6分钟，意大利队员马特拉齐就防守犯规，法国队得到一个点球，由齐达内主罚命中。这是个精妙绝伦的勺子点球，法国队气势逼人，只可惜没有扩大比分。20多分钟时，意大利队开角球，马特拉齐获得机会头球扳回1分，双方战成一比一平。下半场，双方均无建树，比赛拖入加时赛，30分钟加时赛开始，法国队仍旧占据场上优势，看来破门只是时间问题。

就在比赛快到110分钟的时候，发生了冲突。只见防守齐达内的马特拉齐对齐达内说了些什么，一直安心踢球的齐达内突然变得异常愤怒，像箭一样向马特拉齐的胸脯撞去，马特拉齐就势往后一倒，躺在草坪上。

站在一旁的边裁看得清清楚楚，主裁判立即出示红牌将齐达内罚下场去。遭受这一意外打击的法国足球队再无斗志，在接下来的点球大战中败给了意大利队。

赛后，很多人都好奇马特拉齐到底对齐达内说了些什么，其实这一点并不重要，关键是齐达内没有控制住自己的情绪而犯规，不但被罚下场还直接导致法国队士气受挫，与世界杯冠军失之交臂。齐达内为自己的一时冲动付出了巨大的代价。

德国犯罪学家弗里德里克指出：愤怒的刺激充分，几乎可使每个人犯谋杀罪。那些从来没有这种罪行的人，并非自制力过人，是因为没有遇见过相当的境遇。同时，弗里德里克认为，狂怒会使人产生不可制止的破坏力，导致做出伤人、杀人、放火、自杀和破坏眼前一切物品等行为。

其实，冲动是情商低下的另一种表现形式。在生活中，当我们为某事而生气时，一定要想一想后果，千万不要一时冲动而做出让自己后悔莫及的事情来。冲动是一种最无力却又最具破坏性的情绪，它带给人的负面影响可能远远超出我们的想象。

西点军校明文规定：遇到不满的事情，不许当场发作，要忍过一晚，等心情平静下来后，再提出、讨论。为什么要这样做？就是要士兵们首先冷静下来，再全面地思考。

情商专家认为，一个人在冲动时，可以试着去做一件不相干的事，以避免因冲动而做出不正确的举动。这种自我转移的方法很有效。一般而言，大部分成功人士对于控制自己冲动的情绪都有一套独特的方法，比较常见的主要有以下几种。

第一，保持良好的心境，排解不良情绪。时刻预防因身体不适或疾病给情绪带来负面影响，做到乐观、豁达、开朗。情绪好时，即使是他人弄丢了自己一件最心爱的东西，也不会发怒；而情绪不好的时候，即使别人只是友好地问一下路，也会觉得很不耐烦。

第二，保持理智，凡事要冷静。提醒自己要冷静对待身边的人和事，理智地对待自己所遇到的问题，切忌头脑发热而冲动行事。

第三，增强自我修养，做到通情达理。通过提高自己的修养来提升自己的情商。修养越好，情商也就会越高，遇事也就能够站到更高的角度来处理。遇到不愉块的事情时，可以采取情绪转移法，把注意力转移到其他事情上。

第四，凡事要想得长远些，多考虑后果。时刻以大局为重，把个人利益和荣辱放到次要位置，这种品质往往能帮助你早日登上事业的最高峰。

提升情商箴言

勇敢和冲动似乎只差那么一点点，但勇敢可以使人建立惊人的功绩，名留后世，而冲动只会造成不可挽回的局面。

青少年要严防情绪失控

对每个青少年而言，控制情绪是一件很困难的事情，因为他们心中永远存在着理智与情感的斗争。然而，西点军校的宣言，正如西点教官约翰·阿比扎伊德中将所说：“一个人想要征服世界，首先要战胜自己。”

为了锻炼学员的自我情绪控制能力，西点军校设置了很多高难度的训练，比如西点著名的拳击和摔跤等。对新学员而言，对方的拳头和招式眼看着就要打过来，难免出现恐惧、紧张等情绪，脑子里一片空白，不知所措。但在经过严格的训练之后，学员们有了质的飞跃——无论面对多么强大的对手，他们都能保持冷静，在对方的狂风暴雨中寻找反击的时机。

西点教育者常说，要做一个合格的军人就必须先有征服自己的勇气。一个连自己都征服不了的人，很难奢求他能做出什么成就来；一个连自己都征服不了的人，很容易受到外界环境的诱惑。西点军校不允许这样的人在这里存在。

西点教官经常告诫学员：“一个自我控制能力强的人，即便在情绪非常激动的状况下，也能很好地控制自己。”如果只凭自己的感觉去做事，那永远只能做情绪的奴隶。只有战胜自己的情绪，才能证明具备控制自己的能力。

每个青少年都有自己的思想和情绪，控制自己和自我约束，都需要能克制住内心深处的感情和一些其他的欲望。而对多数青少年而言，克制情绪是困难的。

人只有从长远的角度出发去考虑问题，才不会把控制自己的感情与限制自由混为一谈。人的道德大多是在自己的性格、知识、家庭环境以及亲人朋友的影响下形成的，但更多来自自控能力。如果想让自己更有能力克服成功路上所遇到的阻碍，就必须具备自我调节和控制的能力。像麦克阿瑟、艾森豪威尔这些人，开始并没有超乎常人的能力，也不是生来就是强者，他们之所以成功是因为具备良好的性格，比其他人更能控制自己。

人在受到强烈的刺激之后，如果情绪失控，往往会造成不良的后果。巴顿是一个军事天才，被誉为传奇人物，然而，他那两次冲动的“打耳光”事件却让他臭名远扬，同时被艾森豪威尔进行了严厉的批评和制裁。

第一次“打耳光”事件发生在意大利。1943年8月，在一个炎热的午后，跟往常一样，巴顿来到西西里的医院看望伤员。一个帐篷里住着10至15名伤员，他跟战士们聊天，前五六个人都是打仗时受的伤，巴顿问候了他们的伤势，对他们的英勇表现给予了夸奖，并祝他们早日康复。

接着，巴顿看到有一个伤员蜷缩在地上，浑身发抖，巴顿问他是怎么回事，他说是神经问题，然后就哭了起来。原来，这位伤员患上了名叫“弹震神经症”的战场疲劳症。

听后，巴顿将军叫喊着：“你说什么？”

士兵回答说：“是我的神经问题，我再也受不了炮弹的声音了。”

说完，士兵接着哭泣。

巴顿愤怒地说：“你的神经问题？你是个懦夫！你这个胆小的兔崽子。”巴顿给了士兵一记耳光，说：“闭上你的嘴，别他妈哭了，我不会让其他受伤的勇敢士兵在这，你这个胆小鬼还哭鼻子！”

巴顿又踹了士兵一脚，然后，巴顿扭头对伤员接收官吼道：“不要收留这个胆小的混蛋，他一点儿事都没有，我可不允许医院里都是些没胆打仗的狗崽子！”

巴顿又转向那个士兵说：“你给我滚回前线去，你可能会吃枪子儿，被打死，但你还是要去打仗。你要是不去，我就派人把你按到墙上，找行刑队把你毙了！”巴顿一边说一边把手伸进枪套。

走出帐篷时，他还一路对伤员接收官喊道：“把那个胆小鬼给我送到前线去！”

第二次“打耳光”事件与第一次情况差不多。一个士兵向巴顿诉苦说得了“弹震神经症”，他用手套打了士兵一耳光，骂道：“你这个狗娘养的，我不要那些勇敢的孩子看到你娇生惯养。”

巴顿的这种歇斯底里式的发作是因为压力太大。对他来说，看望伤员不是件轻松的事，可是这是他的职责所在，不容推脱。他强迫自己担起这份责任，极力控制自己，不让自己想到那些为国捐躯的士兵而禁不住落泪。

其他各种压力也不停地在折磨他，他憎恨受英国人的领导；敌人占领了优势地带，控制着战争的局势，让他沮丧；美国盟军好几次错炸了美国部队，也令他气愤不已。这些事还只是巴顿烦心的一部分，他内心深处的战斗也使他疲惫不堪，他放松了对自己的控制。

另外，巴顿还因为“高强度体力与脑力劳动”而疲倦。他上了年纪，还在酷热的夏天担任繁重的管理工作，差点儿累得虚脱。但不管什么原因，巴顿失去自制而引发的更糟后果是：失去了司令艾森豪威尔将军的信任，虽然巴顿没在军事法庭上受审，却失去了战斗和晋升的机会。

因为巴顿是西点军校的毕业生，所以在后来的西点军校的情商训练课上，这件事经常被用来当作反面教材警示西点军校的新学员。

提升情商箴言

“征服自己，控制自己”是西点军校情商训练的目标，是要学员懂得哪些事情是自己应该做的，哪些事情是自己不应该做的，在执行任务的过程中，管住自己内心的冲动，用理性引导言行。只有能控制住自己的人才有能力控制别人。

给愤怒的情绪装个安全阀

一时的愤怒会让一个人失去了应有的晋升机会和荣誉，而台球高手路易斯·福克斯则因为一时失控而失去了冠军奖杯，更失去了宝贵的生命。

1965年9月7日，世界台球冠军争夺赛在纽约举行。在比赛中，路易斯·福克斯十分得意，因为他远远领先对手，只要再得几分便可登上冠军的宝座了。然而，正当路易斯全力以赴准备拿下比赛时，发生了一个意料不到的细节：一只苍蝇落在台球上。这时路易斯本没在意，一挥手赶走苍蝇，俯下身准备击球。可当他的目光落到主球上时，这只可恶的苍绳又落到了主球上。在观众的笑声中，路易斯又去赶苍蝇，他的情绪也受到了影响。然而，这只苍蝇好像故意和他作对，路易斯一回到台盘，苍蝇也跟着飞了回来，惹得在场的观众开怀大笑。

路易斯的情绪恶劣到了极点，终于失去了冷静和理智，愤怒地用球杆去击打苍蝇，不小心球杆碰动台球，被裁判判为击球，从而失去了一轮机会。本以为败局已定的对手约翰·迪瑞见状勇气大增，恢复信心，最终赶上并超过路易斯，夺得了冠军。路易斯沮丧地离开了。第二天早上，有人在河里发现了路易斯的尸体，他投水自杀了。

这就是因为情绪失控而造成的可怕结局。易斯并不是没有能力拿世界冠军，可眼看金光闪闪的奖杯就要到手时，他却暴露出了心理方面的致命弱点：对待影响自己情绪的小事不够冷静和理智，不能用意志来控制自己的愤怒情绪，最终失掉了冠军甚至生命。

本杰明·富兰克林说：“愤怒都是有原因的，但没有一个原因是好的。”在生活中，我们经常会看到这样的情形：司机由于交通堵塞而满脸不快，公共汽车上两个人为一个座位而大打出手……我们也可以试着问一下自己：是不是动辄勃然大怒？是不是让发怒成了生活中的一部分？是不是知道发怒却无济于事？可能我们会为自己的火爆脾气大加辩解：“人嘛，总会有生气发火的时候”，“我要不把心里的火发出来，非憋死不可”。借着种种理由，你经常生气，完全成了一个容易愤怒的人。

关于愤怒，培根告诫我们说：“无论你怎么表示愤怒，都不要做出任何无法挽回的事情来。”对此，古希腊哲学家毕达哥拉斯也有大致相同的认识。他认为，人在盛怒下常常会有不理性的行为，他说：“愤怒从愚蠢开始，以后悔告终。”

不可否认，在许多场合下，愤怒的反应都有其原因。但是人有理性有思维，人的行动不仅受情感的支配，而且要受理性的控制。青少年要想维护自己的正当利益，仅采取愤怒一种反应方式是不够的，还应该通过理性思维去找出更好的对策。

第一，想发脾气的时候，做个深呼吸。从生理上看，愤怒需要消耗大量的能量，此时头脑处于一种极度兴奋的状态，心跳加快，血液流动加速，这一切都要求有大量的氧气补充。深呼吸后，氧气的补充会使躯体处于一种平衡的状态，情绪会得到一定程度的抑制。这时你虽然仍然处于兴奋状态，非常想发怒，但已有了一定的自控能力，数次深呼吸便可使自己逐渐平静下来。

第二，要学会理智的分析。先不要激动，冷静地全面考虑一下，也许会得出结论：激怒是没有意义的，那还生什么气呢？将要发怒时，心里快速想一下：对方的目的何在？他也许是无意中说错了话，也许是存心想激怒你。无论哪种情况，都不能发怒。如果是前者，发怒会使你失去一位好朋友；如果是后者，发怒正是对方所希望的，他就是要故意毁坏你的形象，你就偏不让他得逞。这样稍加分析，就会很快控制住情绪。

第三，寻找共同点，避免纷争。虽然对方在这个问题上与你意见不同，但在别的方面可能你们是有共同点的。你们可以搁置争议，先就共同点进行合作。

第四，加强自制力修炼。自制力始终十分重要，特别是那些处于显赫地位的人，在脉搏加快之前，先把需要解决的问题放一放，使自己平静一下。

第五，保持沉默。俄国历史上的女沙皇叶卡捷琳娜·韦利卡娅就曾经采用过这种方法。当一位大臣惹她生气时，她会急忙喝一大口水，在房间里不停地走动，直到愤怒被宽容代替为止。

第六，聚精会神地练习。例如，咬紧嘴唇，舌头缓慢沿上做切线移动5、6次，然后默默数到10，再做几个深呼吸。反复几次，也能摆脱愤怒情绪。

第七，回想美好时光。想一想你们过去亲密合作时的愉快时光，也可回忆自己的得意之事，使自己心情放松下来。如果仅仅是因为一个信仰上的差异而想动怒，不妨把思绪带到一个令人快意的天地里，美丽的海滩、柔和的阳光、广阔的大海——你会觉得，人生是如此美好，大自然包罗万象，人也应该有它那样的博大胸怀，不能拘泥于一种狭隘想法——想到这些，就容易克制自己的怒气了。

第八，数数字法。西方民间流行的制怒办法是在心里默数数字，小怒从1数到10，大怒则数到百以至千，数完再采取行动。

西点教官经常告诫学员：在你遇到不顺心的事情时，不要因一时愤怒做出过激或异常的行为，从而造成无法弥补的损失或无法挽回的后果。

提升情商箴言

亲爱的少年朋友，赶快收起你愤怒的火焰吧，化怒气为平静，这样你才能让愤怒的火焰在即将喷涌的那一刻熄灭。

遇事不乱，时刻保持冷静

遇到危险或紧急情况时不慌乱，是西点军校情商训练课程的一个重要内容。在训练学员时，教官传授给学员的常常不是如何以武力战胜对手的技能，而是如何从心理上战胜对手，尤其是保持冷静、沉稳的能力，即需要让学员学会在任何危险的环境中都能保持冷静。

情商高的人在性格上往往表现得冷静理智，他们在生活中遇到挫折都不会产生丧气、抑郁、悲伤、绝望等负面情绪。人生的成功与失败之间的距离并不遥远，有时候仅仅一点点距离就会让你与成功失之交臂，失败者缺乏的就是冷静的理智。

第二次世界大战期间，有一艘美国军舰停靠在某个港湾。那天晚上月朗星稀，周围的海域一片寂静。这本该是个美妙的夜晚，但是，就在这时，一位水兵例行巡视时，突然呆住了，他看见在不远的海面上有一团漆黑的东西在漂浮着。借着星光，看到那东西离他越来越近，终于他看清了那是一枚触发式水雷，有可能是从某处雷区脱离出来的。

情况十分危急，因为水雷正在朝着他所在的军舰方向浮动，如果不及时采取措施，用不了多久水雷就会和军舰“同归于尽”，到时候，他和他的战友们统统都会被炸死。

水兵不敢再往下想，赶紧抓起电话，通知了当天的值日官。值日官又马上把情况报告给了舰长。于是，全舰马上发出戒备讯号，大家纷纷警戒起来。然而，在这种情况下，除了恐慌，人们什么办法都想不出来，什么事情也做不了，只是一个个愕然地注视着那枚渐渐靠近的水雷。

他们知道，如果现在起锚离开，根本没有足够的时间。发动引擎使水雷漂离开，更是不可能，螺旋桨转动只会使水雷更快地向军舰漂来。用枪炮将水雷引爆？太危险了，那枚水雷实在离舰上的弹药库太近了，到时候，炸的就不光是水雷了。

能想到的办法都被逐一否决了，时间紧急，再不拿出个切实可行的方案，他们可真就完了。

就在这千钧一发的紧要关头，有一名名不见经传的水手突然大声向军官报告说："长官，请赶紧让人拿消防水龙头来。"

水兵的大喊顿时打破了刚才凝重的气氛，大家立刻明白了他所要采取的办法。就这样，全体官兵齐心协力用消防水龙头向水雷喷水，形成了一股强劲的水流，把水雷带向远方，然后再由一名射击高手将其引爆，一场危机终于被化解了。

或许你会觉得那位水兵太了不起了，怎么能在那么危急的关头想出那么妙的办法呢？这得益于他的急中生智，急中生智的前提是在危机关头保持冷静的头脑。

时刻保持理智不仅是一个人高情商的表现，更能为自己赢得成功的基础。这种性格需要在生活中磨炼，并非天生就能拥有。冷静理智的性格能让一个人在遇到任何突然发生的灾难或者事故时，沉稳而不惊慌。这种情绪自控能力常常能让一个人在绝境中寻找到生存的希望。

有时候，磨难与挫折对于青少年来说就是一次对心理素质的考验。人生是一个未知的变数，谁也无法预料自己的命运。我们唯一能做的就是遇事不惊慌，做到沉着和冷静。只有这样，我们才能把握生活，才能把握人生。

提升情商箴言

培养保持理智的心理素质的唯一办法，就是在生活中坦然接受各种磨炼，只有这样才能让心理成熟，才能让情商得到提升。

第04课

激情是成功的源动力

激情是一种强烈的情感表现，人在激情的支配下,常能调动身心的巨大潜力。西点军校要求每一个学员在做任何事情时，都要满怀激情。满怀激情就会看到枯燥中的乐趣；满怀激情会让人在困难面前不退缩；满怀激情会让人迎来意想不到的成功。所以青少年不论在任何时候做任何事情都要满怀激情。

学会把无聊的变成有趣的

激发学员的热情是西点情商训练中的核心内容。对于热情，赛尔西奥·齐曼将军说："热情的态度是做任何事的必要条件。任何西点学员，只要具备了这个条件，就能获得成功。"在平常的训练中，西点军校总是这样教导学员："不管处境多么糟糕，都要始终热爱自己的职业。以这样一种积极的态度工作，你将取得意想不到的效果。"因此，西点学员总是能有一种很好的心态，哪怕被迫去做一些乏味的事情，他们也要设法使训练显得不那么枯燥无味。

在西点军校，新学员经常被安排去清理宿舍楼里的垃圾，他们不但没有抱怨，而且很高兴。他们认为，这是另一种方法的训练，可以锻炼自己的忍耐力、臂力和全身的协调能力，而这是在平常的训练中没有的训练方法。

毕业于西点军校的艾赛巴克·尼尔上尉说："我们从不认为西点军校的生活是乏味的，我们从军事训练中能获得更多的意义。"西点学员从学习中找到乐趣、尊严、成就感以及和谐的人际关系，这是他们作为一个合格的军人所必须拥有的。西点军校的责任是教会学员在学习和执行任务中如何获取不断前进的动力。

另外，西点军校尤其注重根据不同学员的资质对其进行能力的发掘和引导，教官运用一切方法充分调动学员的热情，并时刻影响着周围的学员，让他们体会到热爱工作的意义和快乐。

在西点军校，教官是学员的榜样，在热情激发训练中也是如此。比如，西点的教官对自己的训练工作有着非常严格的要求，他们在训练新学员的过程中竭尽全力，以满腔的热情、爱心和责任心对待每一位学员，学员也能从教官那里受到教育，并且受益无穷。教官好像要把温暖的阳光一丝不留地照射到每个学员的心中，让他们尽快成为一个合格的军人。

注重细节是西点军校培养学员热情的另一种方式。学员要学习解决生活中遇到的问题，譬如，补鞋这个看似简单的细节，学员也把它当作一门艺术，全身心地投入进去。无论是一个小小的补丁还是换一个鞋底，学员都会一针一线地精心缝补。

后来，为了更好地激发学员，西点军校举办了一系列“领导论坛”，对筹资、团结计划和毕业生事务进行详细讨论。在会上谈论一些事，包括谈论一场引以为豪的军事战役，或者一场正在进行的慈善活动，或者发生在西点的毕业生们或赞同或反对的一项变革。

很多杰出的军事将领都毕业于西点军校，在接受了西点军校的热情激发训练后，他们成了热情奔放的人，巴顿将军就是一个很好的例子。

1918年9月，巴顿指挥美军的坦克兵参加圣米歇尔战役，9月6日凌晨2时，战役开始了，经过几个小时的炮火准备后，美军在浓雾的掩护下发起了攻击。浓雾虽然有利于坦克的隐蔽，但也挡住了巴顿的视线。于是，巴顿带领5名军官和12名机械师，向炮弹爆炸的方向走去，他们在路上遭到了敌人炮火和机枪火力的封锁，他们趴在铁路边隐藏起来，惊慌失措的步兵匆忙向后退，巴顿阻止了他们，集合了大约100个人。

敌人攻击的火力稍一减弱，巴顿马上指挥大家沿山丘北面的斜坡往上冲。在坡底下，坦克被两个大壕沟挡住了去路，他们必须填平壕沟，才能使坦克顺利通过。但敌人不断地射击，士兵们不得不隐蔽起来，所以进攻速度非常慢。

看到这种情况，巴顿立即解下皮带，拿起铁锨和锄头，亲自动手干了起来，敌人仍然不断开火，突然一发子弹击中了巴顿身边一个士兵的头部，但他不为所动，继续挖土。士兵们被巴顿的勇气所鼓舞，齐心协力很快就将壕沟填平，5辆坦克越过了壕沟，冲向山顶。

敌军的坦克从山顶消失后，巴顿指挥着士兵，高声叫道：“追上去吧，谁跟我一起冲？”分散在坡上的士兵全都站起来，跟随他往上冲，他们刚冲到山顶，子弹就如雨点般猛射过来。士兵们立即倒到地上，几个人当场毙命，望着身边的尸体，巴顿大喊：“该是另一个巴顿献身的时候了！”他带头向前冲去。

只有6个人跟着他一起往前冲，但很快，他们一个接一个倒下了，巴顿身边只剩下传令兵安吉洛。安吉洛对巴顿说：“就剩我们两个人了。”巴顿回答说："无论如何也要前进！"他又向前跑去，但没走几步，一颗子弹击中他的左大腿，他摔倒在地，血流不止。

最终，巴顿获得了"优异服务十字勋章"。嘉奖令上写道："他在指挥部队向埃尔山谷前进的过程中，表现出了超乎寻常的责任感。他将一支瓦解了的步兵队伍集合起来，率领他们跟在坦克后面，冒着机枪和大炮的密集火力前进，直到负伤。在他不能继续前进时，仍然坚持指挥部队作战，直到将一切指挥事宜移交完毕。"

在西点军校，热情是一种力量，它可以融化一切；在西点军人眼里，热情源自内心，它不是虚伪的表现。总之，上面这一系列热情激发训练使西点学员具备了超人的战斗力、执行力和情商魅力。

提升情商箴言

戴维·格立森将军说："要想获得这个世界上最大的奖赏，你必须将梦想转化成为现实进而献身的热情，以此来发展和展示自己的才能。"

满怀激情去做每一件事

西点军校22条军规中有这样一条：自动自发地工作离不开激情。西点教官经常告诫学员：不论做什么，你都要充满自信，满怀激情，任何阻碍都是借口；当西点新学员在训练中遇到失败的时候，他们绝不会找借口为自己开脱——比如说自己的身体健康有问题、没有完全发挥等，而是仔细地审视一下自己。西点学员从不无精打采地学习、磨磨蹭蹭训练，实际上，正是这些因素决定着他们在未来战争中的胜负。可以说，激情对于西点学员来说，是一个军人必备的品质。

毕业于西点军校的著名棒球运动员贝特格正是凭借热情创造了一个又一个奇迹。

贝特格刚转入职业棒球界不久，便遭到有生以来最大的打击：他被约翰斯顿球队开除了。经理对他说："你动作这么慢，根本不适合在球场上打球。贝特格，离开这里之后，无论到哪里做事，如果不提起精神，你将永远不会有出路。"

无奈之下，贝特格去了宾州的一个叫切斯特的球队，从此参加一个级别很低的联赛，和约翰斯顿队175美元的月薪相比，他现在每个月只有25美元的薪水，这更让他无法拥有激情。但他想："我必须激情四射，因为我要生活下去。"

他来到切斯特球队的第三天，认识了一个叫丹尼的老球员，丹尼劝贝特格不要参加这么低级别的联赛。贝特格说："在我还没有找到更好的工作之前，我什么都愿意做。"

一个星期后，在丹尼的引荐下，贝特格顺利加入了康州的纽黑文球队。这个球队没有人认识他，更没有人关心他，那一刻，他在心底暗暗发誓："我要成为整个球队最具活力、最有激情的球员！"

从此，贝特格就像一个不知疲倦的铁人一样奔跑在球场上，他的球技提高得很快，尤其是投球，不但迅速而且有力，有时居然能震落接球队友的护手套。

在一次联赛中，贝特格的球队遭遇了实力强劲的对手。那天的气温达到了华氏100度，身上像有一团火在炙烤。在比赛的最后几分钟，对手接球失误，贝特格抓住这个千载难逢的机会，迅速攻向对方主垒，帮助球队获得至关重要的一分。

从此，他在三个方面得到了改善：第一，他克制住了恐惧和紧张的情绪，掷球速度比赛前预计得还要出色；第二，他"疯狂"般的奔跑感染了其他队友，他们也变得活力四射，让球队首先在气势上压制了对方；第三，在闷热的天气里比赛，贝特格的感觉很好，这在以前是从来没有过的。

后来，贝特格每月的薪水涨到了185美元，他知道，只要肯付出总会有收获。

情商专家指出，人一旦有热情，就会受到鼓舞，鼓舞为热情提供能量，工作也会因此充满乐趣。即使工作有些乏味，只要善于从中寻找到意义和目的，热情也会应运而生。而且，当一个人对自己的工作充满热情时，他便会全身心地投入到工作中。

对于渴望不平凡的青少年而言，态度是成功的第一信号，热情则是将这个信号增强。

在一座大城市，有一个人在路边的摊子上卖热狗。他有点耳聋，因此不大听收音机。他视力不好，因此他也不看电视、不读报纸。然而，他却能卖热狗。他的热情引来很多人。他兴高采烈的神情仿佛在说："看，这些热狗多么美味。"为了满足众多的顾客，他甚至买了一个大烤炉。可是，有一件事改变了一切。他的儿子从大学里回来，说："老爸，你没听收音机里说吗？一场经济大萧条要发生了。你没看报纸或电视吗？政局动荡不安，世界全乱了。"

儿子的话让他陷入了消极情绪中，他想："儿子的话肯定没错。"于是，他的热情减少了，采购做热狗的原料也少了。几乎在一夜之间，热狗销量下降了。后来，他的生意做不下去了，便从那条街上撤离。这位老爸看着儿子，说："儿子，你说得没错，的确是经济萧条，我都没啥生意做了。"

是什么使这位老爸的热狗销量下降？是他的态度！在儿子没告诉他这些坏消息时，他的热狗卖得很好；知道消息以后，心底的疑虑让他觉得生意会渐渐不好，然后自己又用行动证明了这一点。可见，热情对事业的影响是多么重要。

提升情商箴言

一个没有热情的人不可能始终如一、高质量地完成自己的工作，更不可能有创造性的业绩。如果失去了热情，永远不会拥有成功的事业与充实的人生。

在困难面前毫不懈怠的史迪威

在西点军校，有一句名言："偷懒是最大的罪恶。"如果谁偷懒被发现，将会受到严厉的制裁，甚至是开除。

1900年7月，史迪威考入西点军校，他是当时最年轻的西点学生。在学校期间，他是一优秀的运动员，曾经把篮球引入西点军校，还成为橄榄球队的队员。此外，史迪威还是一名神枪手。1904年毕业后，由于成绩出色，他被派往驻菲律宾的第12步兵团服役。在菲律宾，史迪威第一次执行真正的军事任务时，就受到了严峻的考验。

有一次，史迪威被命令去清剿叛乱的普拉吉族人。神出鬼没的普拉吉族人躲在热带丛林深处，史迪威和战友们不得不在丛林中穿行。他们忍受着暴雨和酷热，还要对付野兽的攻击与蚊虫的叮咬。

一天，史迪威押着一个俘虏走在队伍最后面，突然，他看到军士长中暑晕倒了。军人的使命感使史迪威停下来照顾军士长，可是不论史迪威如何呼唤，军士长都没有醒过来。无奈之下，史迪威只好忍着酷热，背起军士长继续赶路。不幸的是，在史迪威照顾军士长的时候，队伍已经走远了，茂密的丛林遮挡了踪迹，史迪威掉队了。

想到曾经在西点军校接受的野外作战训练，史迪威振作精神，他知道自己不能松懈，因为手握大刀的普拉吉族人随时都有可能从丛林深处突然跳出来把他们杀死。史迪威深知自己的处境：单枪匹马，身上又背着昏迷的军士长，前方队伍也没有派人来寻找他。这些不利因素考验着史迪威的心理。

史迪威没有松懈，也没有偷懒，他鼓起勇气背起军士长继续赶路。虽然他手中只有一把自动手枪，好在史迪威在西点军校学习期间练就了出色的射击能力。军人的职责要求史迪威也不能放弃自己的战友。他必须在天黑之前找到队伍，不然他们将无法活着走出这片热带丛林。

史迪威背着军士长，凭借在西点军校时的野外训练经验，一点点地摸索着前进。有时候走错了路，但他都能通过敏锐的观察，很快回到正确的路上继续前行。在前进中，他时刻保持警觉，倾听来自丛林深处的危险声音，辨别队伍远去的方向和留下的痕迹，照顾昏迷不醒的军士长。

最后，史迪威凭借强壮的身体和猎人般的敏锐追踪能力，背着军士长在天完全黑下来之前找到队伍，回到了驻地。

史迪威在西点军校学习期间绘制军用地图的成绩名列前茅，因此毕业后不久，他就被美国政府选中，担负了一项秘密使命——到危地马拉考察地形。

史迪威接到命令，决定全力以赴。他打着度假的旗号进入了危地马拉。他在危地马拉周游了整整6个星期，有时候徒步行走，有时候骑骡子到处转悠。

史迪威没有偷懒，他每到一处都细心观察，认真记忆。回到住所后凭借出色的记忆能力，他把危地马拉这个国家的港口、码头、防御工事、湖泊、运河、浅滩、桥梁、铁路、公路、运货马车、拉车的马匹、电话、电报线路、城市、村庄、兵营、人口密度与分布、粮食、饲料、燃料、疾病、气候变化和政治动向等近30个方面的调查项目弄得明明白白，并在陆军部提供的略图上一一标示出来，绘成了翔实的危地马拉军事、政治、经济地形图。史迪威出色地完成了任务，向美国政府交上了一份合格的答卷。

试想，如果在困难和挑战面前，史迪威选择逃避或者偷懒，他就不会走出丛林，找到队伍。也不会克服常人无法克服的困难，画出准确的地图，更不能完成上级交代的任务。史迪威的成功告诉我们：明确目标后就要全力以赴，不能懈怠，因为也许就在偷懒的那一刻，所有的努力都功亏一篑了。

提升情商箴言

青少年要永远记住：要做到全力以赴，就要学会自我提醒。尤其在安逸的环境下，不要放纵惰性。而有的人则偏偏摆脱不了惰性的控制，最后沦为一个可悲的平庸者。

全力以赴做好一件事

西点军校对学员的专注力非常重视，教官给学员定下一个做事的标准：为自己定下一个要达成的目标，全力以赴投入到实现目标的行动中去，在没有成功之前绝不开始下一个任务。

"全力以赴"是西点军校22条军规之一。西点军校的教育理论指出：一个学员做事能够全力以赴，才可能在某些领域取得杰出的成就。

勒得雷尔这样回忆拿破仑："他的一个显著特征就是持久的注意力。他能一口气工作18个小时，也许是做一件工作，也许是几件工作轮流做。我从未见他的注意力衰退过，从未见过他的脑子里没有发条，即便是在他疲惫的时候、做剧烈运动的时候，甚至是生气的时候。我从未见过他不顾手头正在做的事情，将注意力转移到即将做的另一件事上。来自埃及的好消息或坏消息从没妨碍过他对民法的关注，民法也从未妨碍过他采取必要措施来维护埃及的安全。没有任何一个人能像他那样全身心地投入工作之中；也没有任何一个人能像他那样更好地分配时间去做他要做的一切；从没有人像他那样更坚决地拒绝考虑不合时宜的事务或意见；也从没有人像他那样更精明地在机会到来之时抓住一件事务或一个意见。"

纵观古今中外那些历史名人，他们身上几乎都存在着这样一个共同之处，那就是专注即全力以赴做好一件事。

就像勒得雷尔说的那样，拿破仑无论做什么都能做到专注，都能做到全身心地投入，他能够取得常人无法取得的成就，是再自然不过的事情。

专注做事，能让我们将所有的力量集于一点，进而让事情取得最好的结果。当你决定去做某件事情的时候，要记得：全力以赴把它做好。

西点军校的教官和学员懂得专注，不管是一个人做事还是一个团队朝着一个目标共同奋斗，都要能用最好的状态去迎接挑战！他们在做事的时候都牢记自己的目标是什么，因为他们知道，若不能紧紧盯着自己的目标工作，就无法专心致志地做事，结果便会大大降低工作效率，影响目标的顺利实现。他们在做一件事情的时候不会想着另一件事，因此就不会分散注意力，而将注意力集中在一件事情上。

美国密歇根大学心理学和神经学家研究发现，人的大脑只有在持续不间断地处理一件事务的时候才能发挥最佳功能，专心致志地做事的效果更好。一个人的心理活动在一定时间内只能指向和集中于一定事务，而不能同时注意所有的事务。因为当一个人的心理活动指向和集中于某事务时，在他大脑皮层的相应区域就会形成优势兴奋中心。在优势兴奋中心上，暂时神经联系容易建立，又容易巩固，指向和集中的对象是注意的中心，能够得到最清晰、最完全的反映。其余的对象少数处于注意边缘，多数处于注意的范围之外，以致未被认识或认识得较为模糊。

日常生活中，我们一心二用甚至多用的情况随处可见。例如我们早上锻炼时会听广播，打电话时能敲电脑键盘，出门遛狗时看报纸，聊天的时候也可以抽空发几条手机短信。我们还常为同时做多件事而津津乐道，窃喜自己节约了时间。

在一个实验中，研究人员让志愿者在同一时间处理两个或两个以上问题，比如一边做数学运算一边辨认图形，结果发现大脑在两项任务间转换大大降低了工作效率，同时从事两项工作所用时间比做完一件再做下一件所用的时间多出一半。在另一个实验中，研究人员让志愿者在听复杂句子的同时辨认几何图形——这两项任务由大脑的不同部位处理。研究人员发现，在同时处理这两项任务时，大脑的两个部位都不能进入最佳状态。

当然，这并不意味着人们不具备同时处理多项工作的能力，只是这么做效率和准确率均会下降。正因为如此，心理学家强调，做事最好专心致志。因为有时一心二用会带来危险，开车时，无论喝水、听音乐、梳头还是打电话都会分散人的注意力，打电话尤其危险，所以千万不要在开车时接打电话。

瓦伦达是美国一个著名的高空走钢丝表演者，在一次重大的表演中，不幸失足身亡。他的妻子事后说：“我知道这次一定要出事，因为他上场前总是不停地说：‘这次太重要了，不能失败，绝不能失败。’而以前每次成功的表演，他只想着走钢丝这件事，而不去管这件事可能带来的一切。”

后来，人们就把专心致志做事而不去管这件事的意义、去患得患失的心态，叫作“瓦伦达心态”。做事就要关注事情本身，而不要去考虑事情本身以外的方面。比如没有做好会有什么严重的后果等，考虑的其他方面越多，出错与失误的概率就越大。

青少年不要羡慕那些所谓能一心二用的人，因为他们没有明白究竟怎样的状态才是真正高效的做事状态。即使能够一心二用，但肯定会分散你的注意力，而且也没有专注的效果那么好。如果“一心二用”都能把事情做好，那么，专注去做一件事情肯定能做得更好。

提升情商箴言

专注是意志的一种力量。专注的人能够把自己不喜欢的事务摆在眼前，直到自己对它发生兴趣，这样的人一定会成功。

第05课

自信让你战胜一切

自信是一种健康的心态，是相信自己，是对自己将来取胜的一份预言书。每一个青少年都要用一颗自信的心去面对挑战、迎接挑战、战胜人生旅途中的所有困难，坚信“世上的事只有想不到，没有做不到。”

你可以藐视任何挑战

自信是一个军人必须具备的情商素质。在西点军校，教官经常鼓励学员要相信自己，并有意识地培养学员的自信心，旨在提高学员的情商指数。让学员成为一名合格的军人，是西点军校的职责所在。

什么是自信呢？西点军校给出了这样的解释："自信心就是相信自己。在任何情况下，即便是受到压力，又得不到所需信息，也能够正确无误地采取行动。"没有任何事能让你投降，这就是西点军人眼里的自信。在西点军校有很多关于建立自信的例子。

当初，斯科特·斯奈尔到西点军校就读时，他是班里年龄最大的学员，斯科特·斯奈尔是以陆军现役军衔之外的身份进入西点军校的，既没有在高中时做过告别演说，也没有担任过高中某运动队的队长，而这些恰恰是许多军校生的荣誉。斯科特·斯奈尔又矮又胖，笨嘴拙舌，想幽默又不会，这些落后于人的劣势给斯科特·斯奈尔带来了巨大的心理压力。

谁知，让斯科特·斯奈尔尴尬的事情还在后面。上二年级时，斯科特·斯奈尔的同班同学们秘密在一张申请书上签字，推举斯科特·斯奈尔担任班长，无疑这是一个带有恶作剧色彩的行为。假如不出意外，斯科特·斯奈尔肯定会成为同学们的笑柄。

当斯科特·斯奈尔接受他们的推选，准备开始管理班级时，不少同学对斯科特·斯奈尔有些不信任。在经过一轮排除法投票和一次决赛选举后，斯科特·斯奈尔还是被选举为班长。这个职位在西点已经搁置3年了，其任务就是帮助同学们筹划一些大事，比如第100天的"周末之夜"，就是同学们欢庆毕业前100天倒计时；还有"毕业周"，即他们将帽子抛向空中庆祝自己成为西点灰色长阵中的骄傲一员的那个星期。

斯科特·斯奈尔从担任班长职务直到毕业之后，筹划了三次同学聚会并组织了班级向西点军校捐赠礼物的仪式。

斯科特·斯奈尔的个人能力并不强，但他成功地充当了一个组织者的角色，总有一些能力超强的同学要完成斯科特·斯奈尔分派下去的任务，这让斯科特·斯奈尔慢慢找到了自信，他也为自己能做这些事而感到自豪。

后来，斯科特·斯奈尔回忆说："当提名刚开始，同学们还没有真正当回事的时候，我就同意当班长了。其实原因很简单：我希望能够施加自己的影响。如果说我在西点较早的那段时间没有学到别的东西，那么我很快便发现，领导其实就是深深地希望自己对某个团队或某个组织施加一种正面影响。懂得这一点之后，我便深深地记住了它。"

"没有什么不可能"是西点军校传授给每位学员的人生信念，这也是对信心一种培养方式。它强调的是每一位学员积极动脑，想尽一切办法，付出艰辛的努力去完成任何一项任务，而不是为没有完成任务去寻找借口。西点军人不管遇到什么事、什么任务都只有一个口号和一种态度，那就是："保证完成任务。"

在这种教育模式的熏陶下，每一个从西点军校走出来的人都充满自信。人们还发现，西点高年级的学员和刚入学的新学员从外表看起来就有差别，高年级学员都很"阳光"，意气风发，沉着稳健，当他们看着你时，眼睛总是明亮中透着坚毅，这就是自信心的展现。

经过长期的情商训练，西点学员们拥有了强大的自信，这是让他们受益终生的巨大财富。

有一次，一个退休的西点将军被人提问："一生当中，最让你感到沮丧的事是什么？"这位将军思索了10秒钟，然后坚定地说："没有，我从来都蔑视任何挑战。"这就是西点军人独有的自信！

提升情商箴言

自信心来自个人的能力，它以掌握的技能为基础，有能力才能担当艰巨的任务，贡献个人的力量。自信也来源于主动寻求各种可以考验的能力。

自信，西点人不可缺少的素养

“二战”名将艾森豪威尔说：“卓越的领导者必须有自己独特的思考方式，在遇到阻力的时候，必须有自信。”艾森豪威尔指出：有方向感的自信心，令人的每一个意念都充满力量。当一个军人怀着强大的自信心投入到他的军事生涯中时，他就会前途无量。

美国南北战争时，北方比南方在人力、物力方面具有更大的优势，然而北方的战线一直拖得很长，迟迟无法攻克弗吉尼亚州首府里士满。虽然林肯一直在调兵遣将，但依然没有人能够从容地挑战南方北弗吉尼亚军团的统帅罗伯特·李将军。李将军1828年毕业于西点军校，1852年至1855年担任西点军校校长职务，是很多美国军人心中的偶像。内战开始之前，李将军就是林肯心中战区司令的第一人选，可惜李将军因为个人背景的原因，拒绝了林肯的邀约，而是加入了南方军队的阵营，并担任统帅。

林肯手下的将军们一听说对手是李将军，气势马上弱了下去，久久无法攻克里士满。林肯在军队之中观察了很久，最后选中了同样毕业于西点军校的尤利西斯·格兰特将军。

当时，林肯问格兰特：“将军，你能不能攻克里士满？”格兰特沉默了片刻，他想到了举止文雅、风度翩翩的李将军，想起李将军是自己1843年从西点军校毕业之前最崇拜的师兄，是自己毕业之后最著名的西点军校校长，结果格兰特仍然自信地回答说：“总统先生，给我军队，我能攻克里士满。”

林肯从格兰特眼中看到了自信，他授予格兰特前所未有的权力。格兰特没有辜负林肯的希望，仅仅用了一年多的时间就成功击败了南部联军。

战争双方的统帅都毕业于西点军校，李将军和格兰特将军同样是名垂青史的将领。格兰特正是凭借着强大的自信，才能在面对比自己更强大的李将军时镇定自若，最终战胜了李将军，后来还当上了美国总统。

自信不是用自己的长处去比别人的短处，也不是只在自己有把握的领域相信自己，不是遇到一点挑战就自我怀疑，不是遇到看似强大的对手便心生怯意，不是面对自己承受不了的阻力便步步后退。

在自然界中，大黄蜂是一种十分有趣的动物，曾经有许多动物学家、物理学家、社会学家联合起来研究它。根据动物学的观点，所有会飞的动物，其前提条件必须是体态轻盈、翅膀宽大，而大黄蜂却相反，它的身躯十分笨重，翅膀出奇短小。

依照动物学的理论来讲，大黄蜂是绝对飞不起来的。物理学家的论调是：大黄蜂身体与翅膀的这种比例，从流体力学的观点来看，不可能飞起来。可是，在大自然中，只要是正常的大黄蜂，却没有一只是不能飞的，它的飞行速度并不比其他能飞的动物差。这种事实的存在，仿佛是大自然和科学家们开了一个大玩笑。最后，社会学家揭开了这个谜。谜底很简单，那就是动物的生存本能使然。每只大黄蜂在它长大之后，就很清楚地知道，它一定要飞起来去觅食，否则就会被活活饿死！这正是大黄蜂能够飞行的奥秘。

美国NBA联赛中有一个夏洛特黄蜂队（2002年主场从夏洛特搬到新奥尔良，称新奥尔良黄蜂队），黄蜂队曾有一位身高仅1.60米的球员，他就是NBA历史上最矮的球星蒂尼·博格斯。博格斯这么矮，怎么能在“巨人”如林的篮球场上竞技，并且跻身大名鼎鼎的NBA球星之列呢？这是因为他有一个神秘的武器——自信。

博格斯自幼喜爱篮球，但由于身材矮小，伙伴们都瞧不起他。有一天，他很伤心地问妈妈：“妈妈，我还能长高吗？”

妈妈鼓励他：“孩子，你能长高，长得很高很高，会成为人人都知道的大球星。”从此，长高的梦像天上的云在他心里飘动着，每时每刻都闪烁着希望的火花。

“业余球星”的生活即将结束了，博格斯面临着更严峻的考验：1.60米的身高能打好职业赛吗？博格斯横下心来，决定在高手如云的NBA赛场中闯出自己的一片天地，他自信地说：“别人说我矮，反倒成了我的动力，我偏要证明矮个子也能做大事情。”

在威克·福莱斯特大学和华盛顿子弹队比赛的赛场上，人们看到蒂尼·博格斯简直就是个“地滚虎”，从下方来的球90%都会被他抢走。后来，凭借精彩出众的表现，博格斯加入了实力强大的夏洛特黄蜂队。在他的一份技术分析表上写着：投篮命中率50%，罚球命中率90%。

一份杂志专门为他撰文，说他技术好，发挥了矮个子重心低的特长，成为一名使对手害怕的断球能手。“夏洛特的成功在于博格斯的矮”，不知是谁喊出了这样的口号，许多人都赞同这种说法，许多广告商也推出了“矮球星”的照片，上面是博格斯淳朴的微笑。

成为球星之后，博格斯没有忘记当年妈妈鼓励自己的话，虽然他没有长得很高，但可以安慰妈妈的是，他已经成为人人都知道的大球星了。

这就是自信创造的奇迹。身高1.60米的博格斯能够成为一名球艺出众的NBA明星，关键就在于他相信自己，并能够变劣势为优势，最终成为“超级断球手”。他的成功告诉我们这样一个道理：不要在乎别人的看法，自信才是最重要的事。

我们可以观察一下，像蒂尼·博格斯一样的世界顶级运动员，他们之所以优秀，无一不是具备了坚定的自信心与良好的心理素质。在比赛中，选手们在技术上往往相差无几，起决定性作用的是选手们微妙而多变的心理，这就是为何有的人能在比赛中超常发挥，而有的人则往往发挥失常。在现实生活中也是如此，许多人正是因为拥有自信心，才在事业上取得了成功。

自信是成功的必要条件。然而在现实生活中，有很多青少年总是习惯说“我不行”“我胜任不了”之类的话，这是典型的缺乏自信的表现。从心理学的角度讲，这其实是一种消极的自我暗示，说话的人在潜意识中提醒自己不能完成某项工作或事务，这是前进中巨大的阻力。更糟糕的是，很多人尚未意识到它的消极影响。

据心理学家分析，人的心理状态是很复杂的，心理暗示的影响力非常大，当人们遇见相同的事情时，心理状态是决定成败的重要因素。所以，当面对生活和工作中的压力与考验时，必须相信自己的能力，抱着必胜的信念全力以赴，相信你的潜力往往会在这个时候被激发出来。

提升情商箴言

拥有强大的自信，然后全力以赴，青少年只要具备了西点军人的这种品质，你就会拥有非凡的人生。

永远不要贬低自己

在西点军校，学员把进入西点当作一种荣誉、一种挑战。那些自卑的人，那些自我贬低的人，不管有多么出众的才华，也注定与西点军校无缘。

林肯被公认是美国历史上最伟大的总统。然而在他当选总统的那一刻，整个参议院的议员都感到尴尬，因为林肯的父亲是个鞋匠。

当时美国的参议员大部分出身望族，都是上流社会的人，从未料到要面对的总统是一个出身卑微的鞋匠的儿子。于是，在林肯进行首度参议院演说之前，就有一参议员计划要羞辱他。

在林肯站上演讲台的时候，有一位态度傲慢的参议员站起来，说："林肯先生，在你开始演讲之前，我希望你记住，你是一个鞋匠的儿子。"

所有的参议员都大笑起来，为自己虽然不能打败林肯却能羞辱他而开怀不已。

等到大家的笑声停止后，林肯不卑不亢地说："我非常感激你使我想起了我的父亲，他已经过世了。我一定会永远记住你的忠告，我永远是鞋匠的儿子，我知道我做总统永远无法像我父亲做鞋匠做得那么好。"

参议院陷入一片静默之中，林肯转头对那个傲慢的参议员说："据我所知，我父亲以前也为你的家人做过鞋子。如果你的鞋子不合脚，我也可以帮你改正它。虽然我不是伟大的鞋匠，但是我从小就跟随父亲学到了做鞋子的技术。"

然后林肯对所有的参议员说："对参议院里的任何人都一样，如果你们穿的那双鞋是我父亲做的，而它们需要修理或改善，我一定尽可能地帮忙。但是有一点是可以确定的，我无法像他那么伟大，他的手艺是无人能比的。"

说到这里，林肯流下了眼泪，而所有的嘲笑声此刻全部化成赞叹的掌声。

在这个世界上，除了你自己，没有人能真正地贬低你。在现实生活中，有些人的行为与林肯相反，他们往往会自我贬低。其实，自我贬低的不良习惯对一个人良好性格的培养极具腐蚀作用，会打击一个人的自信心，扼杀他的独立精神，使他萎靡不振，找不到生活的精神支柱。

真正的强者可以从容不迫地面对生活，不卑不亢地应对一切。但有些人似乎天生就有一种自我轻视的习惯，他们躲躲闪闪，不敢正视生活。不管去哪里，总是坐到最后一排，或者想尽办法逃离人们的视线。

对此自我贬低的现象，西点毕业生惠斯勒说："若想在自己内心建立信心，就应像扫街道一般，首先将街道上最阴湿黑暗之角落的自卑感清除干净，然后再种植信心，并加以巩固。"

说到底，自我贬低是自卑的表现。自卑是一种对自我内心潜能的人为压抑。在自卑心理的作用下，人遇到困难、挫折时往往会出现焦虑、泄气、失望、颓丧的情感反应。青少年如果做了自卑的俘虏，不仅会影响身心健康，还会使自己的聪明才智和创造能力得不到很好的发挥，难有作为。因此，要正确地认识自己，寻找办法克服这种消极心理。

1796年的一个黄昏，在德国的哥廷根大学里，高斯吃过晚饭后，照例开始做老师单独留的数学题。其中有道数学题让高斯感到非常费脑筋，题目要求只能用一个圆规和一把没有刻度的直尺，在纸上画出一个正十七边形。时间一分一秒地过去了，高斯的这道数学题仍然没有一丝进展。高斯为此十分懊恼，他认为跟随老师学习了这么多年的数学，现在却一点知识都用不上。同时，他并不相信老师会让他单独去做一道超越常规的题。

高斯虽然对自己的能力产生了怀疑，但他并没有被眼前的难题打倒，反而激起了他强烈的斗志——势必要把这道难题解出来。就这样，他又重新拿起了圆规和直尺，继续在草稿纸上一边思索一边不停地画，并不断尝试用一些超常规的思路与方法寻找答案。终于，就在窗口露出了第一缕阳光的时候，高斯找到了答案，攻克了这道难题。

第二天，高斯把习题和答案一并交给导师。导师接过来一看，用怀疑的眼神和颤抖的声音，问道："这是你自己做出来的吗？"青年高斯不解地看着老师，回答道："是我自己做的，不过我用了整整一个晚上才做出来，我觉得辜负了老师您对我的栽培。"听到这里，导师请他坐下，取出圆规和直尺，重新拿了一张纸，让他再重新画那个正十七边形。高斯没有说谎，很快画出了一个，导师激动地对高斯说道：“孩子，你知道吗？你解开了一个两千多年来的数学悬案！伟大的阿基米德和牛顿都没有完成的难题，你居然想了一个晚上就解答出来了，你真的是一个天才！”原来导师留作业的那天，不小心把写有这道题目的纸交给了高斯。

多年后，每当高斯回忆起这一幕，经常会说：“如果那天导师告诉我，那是一道有两千多年历史的数学难题，我想我可能永远无法把它解出来，因为从心理上来说，我会害怕。”

高斯解这道难题的时候，仅仅把它当作了一道一般的数学题来解答，因此他没有恐惧，没有过多地去怀疑自己，反而充满斗志，用了一个晚上就解出来了。当他获知真相的时候，自己都大吃一惊。

通常情况下，大部分人的自卑感是这样形成的：小时候，要依靠父母的扶持并依赖父母的哺育，在父母面前是渺小的，父母同样也认为孩子是弱小的。这样，在潜移默化中，在孩子幼小心灵的潜意识里自然而然地就有了一种自卑情绪。但是如果长期陷于自卑中，就会出现压抑自我、消磨意志、软化信念、畏缩不前、自我怀疑、自我否定等情绪，严重的甚至会导致心理障碍。所以，建立自信是每个青少年在成长路上必须跨越的一关。

曾经担任西点军校校长的麦克阿瑟将军说：“有自信就年轻，畏惧就年老。”其实，每个人都不能离开自信，它是生命中的指路明灯，是引导人走向胜利的阶梯。一般而言，自信心强的人适应能力较强，缺乏自信的人适应能力较弱。

曾经有人做过这样一个调查：你认为自己最难解决的私人问题是什么？600名大学生中，75%的人在答案上选择了“信心不足”这个选项。信心不足的人，也会使其情商低下。

提升情商箴言

人与人之间本来只有很小的差异，但这种很小的差异却往往造成了巨大的差别。很小的差别就是其心态是积极的还是消极的，而巨大的差别就是成功与失败。

西点只有第一，没有第二

在对学员进行情商训练的时候，西点军校的教员运用科学的激励机制，配合正确的训练方法，使学员保持最佳的心态来挑战各种困难。这个时候，激励就显得很重要了。

许多学员正是在激励机制的引导和帮助下，完成了一个又一个艰难的任务，最终成为一个优等生，这就是西点军校情商教育的成功之处。

“永远追求第一，不做第二”是西点军校对每一个学员的要求，旨在激发学员的潜能，让他们树立强大的自信并激发超人的勇气。

卡特在海军服役的时候，曾经申请参与核动力潜艇计划。那时候负责这个计划的是海军上将海曼·里科弗，这个人对年轻军人的要求极高。所以卡特须和这位带有浓厚传奇色彩的将军面谈，可看到被这位将军面试过的申请者走出大门，都会满脸疑惧，显然是被吓坏了。但是要想被录取，就必须先获得海曼·里科弗的认可。

卡特拜见了海曼·里科弗上将。在整个交谈过程中，海曼·里科弗大多让卡特自由发挥，让卡特挑自己比较熟悉的话题谈。访谈快要结束的时候，海曼·里科弗问卡特：“你在军校里的成绩怎么样？”卡特非常骄傲地回答说：“我在820个学员当中排名第59名。”他满以为将军会对这样的成绩表示赞赏，没想到海曼·里科弗却说：“看来你没有全力以赴。”

卡特起初想回答：“不，我尽了全力。”但是后来他想了想，其实在对盟邦、敌人、武器以及战略等领域的认识上，他都还有加强的空间，因此他回答说：“是，我没有一直全力以赴。”

海曼·里科弗上将盯着卡特看了一会儿，然后转身表示访谈结束，不过他问了卡特最后一个问题：“为什么没有？”

海曼·里科弗上将是不是太过严厉了？他对年轻的卡特是否要求太高？他的期望是否不切实际呢？卡特可没想这么多，海曼·里科弗上将那天所说的话令卡特毕生难忘。

罗马尼亚人纳迪娅·科马内奇是第一个在奥运会上赢得满分的体操选手，在1976年蒙特利尔奥运会上，她完美无瑕的表现令全世界疯狂。在记者谈到她为自己所设定的标准以及如何维持这样的高标准时，她说："我总是告诉自己'我能够做得更好'，不断鞭策自己更上一层楼。要拿下奥运金牌，我不能过正常人的生活，必须比其他人更努力才行，对我而言，做个正常人意味着必须过得很无聊，这样活着一点意思也没有。我有自创的人生哲学：别指望一帆风顺的生命历程，要期盼成为坚强的人。"

素有"全美最杰出的大学篮球教练员"之称的约翰·伍登说："成功，就是知道自己已经倾注全力，达到自己所能够达到的最极致的境界。"对于西点军人而言，成功并非是最终的结果，他们更注重追求卓越的过程。西点军人永远用最严苛的标准要求自己，这一点值得你下定"永争第一"的决心吧！你想射下星星，可能会射到树上的小鸟；如果你想射下小鸟，可能只会射到鸟儿栖息的树；如果你想射树，也许射到的就是泥土了。如果你要想成为第一名，就努力去结交第一名！只有结交第一名，你才能真正领悟到第一名是如何成为第一名的。

提升情商箴言

一个人之所以伟大，首要的因素就是因为他具备"永争第一"的决心。"永争第一"，适合任何人、任何行业，只有怀着一颗"永争第一"的上进心，才能获得动力，最终取得巨大的进步。

把“不可能”变成“可能”

在第二次世界大战快要结束的时候，盟军发动了一次进攻，当时，身为盟军统帅的艾森豪威尔正在莱茵河附近散步，他遇到了一位看上去心事重重的上尉。

“你有什么心事吗？”艾森豪威尔将军问上尉，上尉回答：“将军，我的心情很糟糕。”

艾森豪威尔将军又问：“是你的士兵让你心烦吗？”

上尉回答说：“不是的，将军，是我的长官。他让我率领少得可怜的士兵执行一个艰巨的任务，我认为这不大可能。”

听到这里，艾森豪威尔将军忍不住给这位年轻的上尉讲述了自己的经历：“当年，我曾率领不到百名士兵攻占敌人的军事重地。在出发前，我也曾经疑虑重重，觉得根本没有可能攻下来，于是，我向长官说明敌人的地形、我军的劣势，但我的长官只说了一句话：‘没有什么不可能。’所以，我只好带着军队出发了。在激战中，我的军队几乎就要被击垮了，但我始终记得长官的那句话，最后以不可思议的顽强战斗完成了任务。”

西点军校的教官要求每一个学员必须记住这句话：“只要勇敢地去做，就没有不可能的事情。永远不要被‘不可能’这三个字所束缚。”同时西点军校绝不允许任何学员心存逃避心理，更不能为自己找借口。不能有借口，这是西点军校不可逾越的铁血规。

西点军校经常举办一些有意思的活动，来激发学员的挑战欲望，让学员相信，这世界上根本没有“不可能”。

西点军校曾经有一个有意思的考试，是针对临近毕业的学员而设的，学员被放入一个陷入地下约4米、直径2米的光滑的圆金属筒中，被要求用一夜的时间，想办法从里面逃出来。如果不能在规定的时间内逃出来，受试者的考试成绩不仅将按零分计算，他还将受到处罚。处罚方法是：受试者会被人从上面抛泥土来盖顶，直到埋至半腰深。

这项考试是所有西点学员都认为“不可能”办到的，因为自从西点军校设立该项测验以来，几乎没有一个学员可以徒手从圆筒里爬出来。他们的这项测验都是零分，直到麦克阿瑟的出现，才打破了这个纪录。

在被放入圆筒前，麦克阿瑟就开始思考解决难题的方法，他跳出了常规的思考方式，因为一般的方法，其他同学肯定也尝试过而且失败了，所以，麦克阿瑟考虑要从方法上有所突破。经过冥思苦想，麦克阿瑟终于想到了逃出圆筒的方法。

过了一夜，第二天，麦克阿瑟还蹲在圆筒的底部。所有学员都认为，麦克阿瑟也同他们一样失败了。当主考官命令士兵往圆筒里放土以示惩罚时，刚刚还平静的麦克阿瑟突然站了起来，他并没有像其他学员那样等着被惩罚，而是左右闪动自己的身体，迅速将抛进的泥土踩在脚下。不一会儿，出乎所有学员意料的情景出现了：那些被抛进去的泥土在麦克阿瑟的脚下越堆越高，最后竟然成了一个土堆。

麦克阿瑟踩着土堆，一点点往上升，一点点接近地面，最后到了一定的高度时，麦克阿瑟伸出双手刚好够到筒边，他把手搭在筒边，一跃而出，成功脱离了圆筒。

主考官兴奋得大声叫喊：“干得好！恭喜你，你得了满分！”其他所有学员都不会想到，借助泥土就是麦克阿瑟的办法。

其他学员在最后的时刻只是单纯地在等待惩罚，而麦克阿瑟却利用最后的关键时刻取得了成功，完成了其他学员认为不可能完成的事情。

那一年，麦克阿瑟以全校最高分从西点军校毕业。后来的西点学员会经常提起“麦克阿瑟的满分”。这个故事至今还在西点军校里广泛流传。

世界上没有不可能的事情，只要勇于挑战“不可能”，摆脱自卑和逃避心理，多对自己说“我能，我一定行”，多给自己积极的心理暗示，就会把“不可能”变成“可能”。这也正是西点情商训练的精髓所在。

莱特兄弟从小就对机械方面的知识特别感兴趣。有一天，父亲送给他们一只竹蜻蜓，只要拧紧蜻蜓上的橡皮筋，它就能够垂直地飞起来。这个小玩具一下子激起了兄弟俩的好奇心，他们开始自己动手仿制竹蜻蜓。看着自己做的蜻蜓也飞了起来，他们很开心。

后来，莱特兄弟竟然开始制造更大尺寸的飞行玩具，他们甚至想象让这些大尺寸的飞行玩具带着他们一起飞上天，但是，这一次却失败了，这对莱特兄弟来说可是一个很大的打击。但是，不服输的莱特兄弟并没有放弃，相反，他们开始认识到飞行并不是那么简单的事情，而是需要大量的知识做后盾才能完成，于是他们发誓要解决这个难题，实现自己的梦想。

在19世纪末，已经有很多科学家投入到载人飞行器的发明事业当中，甚至著名的发明家爱迪生等人都在努力尝试后失败了。这些权威人士的失败让许多科学家悲观地得出结论：载人飞行器根本就不可能被发明出来。

这个“不可能”的定论吓退了很多人。但是，莱特兄弟却没有退缩，反而更加积极热情地投入到飞机的制造当中。他们广泛阅读了各种飞行的书籍和一些有关鸟类飞行原理的著作，请教了很多飞行方面的专家，苦心钻研空气动力学方面的知识。

学习了丰富的航空理论之后，莱特兄弟更加坚信他们能够制造出载人飞机。于是，他们动手制作出他们想象中的飞机，并进行了大量的飞行实践，一次不行就两次，两次不行就三次。经过无数次的飞行试验，他们终于成功了。他们的“飞人号”飞机也成了人类航空史上一个开创先河的壮举。

由此可见，只要勇于挑战，谁都有创造奇迹的可能。假如当初莱特兄弟在听了那些权威人士“不可能”的论断后，也有这样的想法：“伟大的发明家都说不可能了，那一定是不可能实现的事情，我们还是别异想天开了，早点放手，免得浪费时间。”那么，飞机的出现至少要推后100多年！

要想挑战“不可能”，可以这样去做：第一，多对自己进行积极的心理暗示。人的行为说到底还是受自己的思维支配，如果你在心中就认为一件事是不可能完成的，那你多半做不好，但是，如果你多对自己说“我能，我行，我可以”，那么你就会有足够的勇气去克服重重困难，直到将其完成。第二，把困难分成一个个小困难逐一克服。有时候，一个大的困难一下子放到我们面前，会让我们觉得无从下手，消极的情绪也会油然而生。如果你能将这个困难划分成几个小困难，一个个地去克服，就会变得比较容易。

提升情商箴言

“不可能”只在你的心中存在，只要你能打破自己的心理界限，你就会发现做任何事情都是手到擒来。

拼一把才知道自己有多优秀

曾经毕业于西点军校的杰伊有一段难忘的经历，那一次他突破了个人的极限，真正地认识到了潜能惊人的力量。

在一次快速渡水行动中，要选一名代号叫“对岸”的救生员。杰伊作为全美游泳健将被委以此任。

杰伊肩上套着两根分别为60英尺（1英尺=0.3048米）长和8英尺长的绳子，用它们给后面的人领路并保证他们的安全。他在刺骨的水里逆流游到芦苇丛生的对岸，把60英尺长的绳子绑到一棵树上，然后拿着8英尺长的绳子回到河道中央，在那里随时准备救助失足落水的队友。

杰伊死死地用一只手抓着绳子——它像一条蛇，总想从他手中滑落——另一只手抓着芦苇寻求支撑。杰伊站在水里，看他们一个个拉着60英尺长的绳子渡河。他必须坚持到所有队友顺利抵达对岸。

后来，杰伊感觉到自己的体温逐渐下降，冷得令人难以忍受，但杰伊尽力使自己相信这不是真的，他浑身痉挛性地颤抖，引起突击队指导员的注意，他给杰伊鼓劲。但杰伊的四肢严重抽筋，他请求换班。最后，指导员命令把他从水里拉出来。

这时，另一个指导员来到杰伊坐着的地方，杰伊还在浑身抽搐。“想回家？”那个指导员粗哑地说。另一个指导员也插嘴说：“想回家找妈妈？”杰伊觉得这两个军官冷酷得像冷血动物。杰伊沉默地坐着，他知道这意味着什么，杰伊知道自己必须做出决定了。

在这个训练中，那些半途而废的人都是打着点滴被抬走的——因病退出，最起码还能保全面子。当然，只要愿意，杰伊也可以主动退出，但记录上就会被注明：缺乏耐力。指导员们继续嘲笑和挖苦杰伊，说着侮辱和难听的话，这足足有10分钟。最后，杰伊回答道："报告长官，我不回家！"接着，杰伊就听到命令："那就滚回水里去。"

杰伊站起来，强打起精神，第二次走入水中，这次他终于熬到了最后的时刻。最后一名战士渡过河后，杰伊被人从水中拉出。几个人过来用毯子把他裹了起来，生了一堆火给他取暖。接下来还要进行12分钟的路面行军。杰伊赢了，赢在他挑战了自己的身体与心理所能承受的极限。

杰伊回忆说："尽管每次回忆起那段经历，心中都隐隐作痛，但还是忍不住重温那胜利的时刻。我吃不香，睡不好，还遭到嘲弄。你可以想象被那些指导员嘲弄的情形。但我没有失去信心，反而增强了信心，如果让我重新考虑，我还是会做出同样的决定。我不是因为怕别人取笑才这样做，也不是为了达到指导员的标准，重回水中是为了达到自己的标准。我心里想：也许我明天就得离开，但离开与否应由自己决定，而不是由这群侮辱我的人决定。正是这种想法支撑我坚持下去。我三个脚趾受伤，是我勇敢坚持的证明，我也深刻地明白了，到底是什么让一个人超越耐力极限去实现自己的目标。"

从杰伊的事例中，我们可以看到，人的潜力是巨大的，只要挖掘自身的潜能，许多不敢想象的事都能做到。青少年最大的敌人就是自己，激发潜能、打破自我的束缚就能超越自我，到达人生的另一个境界。是不是千里马跑一下就知道，人也是如此，只有挑战一下自己的极限，你才能认清自己到底有多强大。

约翰是音乐系的一名学生。有一天，他和往常一样走进了练习室，看到钢琴上摆着一份全新的乐谱。"超高难度。"他翻着乐谱喃喃自语，感觉自己对弹奏钢琴的信心似乎跌到了谷底：已经三个月了，自从跟了这位指导教授之后，约翰不知道教授为什么要以这种方式刁难自己。

约翰勉强打起精神，开始练习。琴声盖住了教室外面教授走来的脚步声。

指导教授是个极其有名的音乐大师。授课的第一天，他递给约瀚一份乐谱，说："试试看吧。"乐谱的难度颇高，约翰弹得生涩僵滞、错误百出。下课时，教授叮嘱约翰说："还不熟练，回去好好练习。"

约翰练习了一个星期，第二周上课时正准备让教授验收，没想到教授又给了他一份难度更高的乐谱。"试试看。"上星期的课，教授也没提，约翰再次挣扎于更高难度的技巧挑战。

第三周，更难的乐谱又出现了。

这样的情形持续着，约翰每次在课堂上都会被一份新的乐谱所困扰，然后把它带回去练习，接着再回到课堂上，重新面对更高难度的乐谱。他怎么都赶不上进度，一点也没有因为上周的练习而有驾轻就熟的感觉，约翰感到越来越沮丧。

有一天，像往常一样，教授走进了练习室，约翰再也忍不住了，他必须问清楚教授这三个月来为何要不断折磨自己。教授没开口，他抽出最早的那份乐谱交给约翰，并说："你来弹弹这份乐谱吧。"

不可思议的事情发生了，连约翰自己都惊讶万分，他居然可以将这首曲子弹奏得如此美妙、如此精湛。教授又让约翰试了第二堂课的乐谱，约翰依然有超高水准的表现。

教授欣慰地说："如果我不这样训练你，可能你现在还在练习最早的那份乐谱，也就不会达到现在的水平。"

挑战自身的极限是对自身潜能的一种激发方式。青少年往往习惯于表现自己所熟悉、擅长的部分。但如果愿意回首，就会恍然大悟：从前看似紧锣密鼓的挑战、永无休止的压力，却使自己在不知不觉间练就了今日的坚强。

提升情商箴言

每个青少年身上都蕴藏着巨大的潜能，等待着去发现、去认识、去开发。这种力量一旦被激发，我们将战胜自己、超越自己。

第06课

自制力让你成为强者

自制力是指一个人在意志行动中善于控制自己的情绪，约束自己的言行，是情商的一个重要因素。拥有较强的自制力，既善于激励自己勇敢地去执行采取的决定，又善于抑制那些不符合既定目的的愿望、动机、行为和情绪。自制力是坚强的重要标志，可以帮助青少年走向成功、获得美好的人生。

西点为什么要有严格的纪律

在西点人看来，纪律是胜利之母，是战斗力的根本保障。西点军校对学员纪律的要求比其他学校甚至部队更为严格。西点军校的宣言是：“我们要做的是用纪律看守西点，而不是教官时时刻刻监视学员。”以日常生活管理为例，每个学员手中都有多达十几条甚至几十条禁令、条例、命令和规定，都必须学习和遵守。西点军校的学员每天早餐之后便开始了紧张的操练和上课。那些数不清的规章制度就像是高悬的“达摩克利斯之剑”，随时都可能刺向违规者，让学员们叫苦不迭。有的学员在日记中写道：“立正、立正、立正，操练、操练、操练，啊！上帝，一起床就像下地狱，然后就开始早操、喝水、操练、擦枪、集合……熄灯号一响，把一切都忘记的沉睡中。4时30分起床后，一直进行着立正训练，立正训练一练就要一个半小时。”由此可见西点军校纪律严格和艰苦的程度。

西点有着如此严格的学校纪律，要得益于“西点之父”塞耶。

1817年5月20日，塞耶出任西点军校校长。那个时候，西点军校有相当一部分学员来自地位显赫的名门望族，1818年，塞耶写信给当时的美国政要托马斯·平尼克将军，由于他的儿子没有按时返校，军校决定令其退学。平尼克将军解释说，由于天气不好，是他把儿子留下的，而且老校长也答应将此事作为例外处理。但塞耶认为，迎合权势绝对办不好军校，谁的面子也不能给，所以他坚定不移地执行决定，把小平尼克开除了。

随后，塞耶校长大力整顿西点军校的纪律。当时西点军校有213名学员，经严格审查，有103人被开除或勒令退学，他们多数是因为学习不及格而退学，少数则因为行为不轨被强制离校。这样大胆的举动当然招来许多非议，各种责难和辱骂四起，但塞耶不为所动。他在给陆军部长的报告中，详细介绍了被退学或被开除学员的情况，认为这不是对国家资源的浪费，而是一种合理措施。

在一个星期日检阅时，来自马里兰州的一个有军衔的学员因不服从指挥，激怒了指挥官布利斯上尉，布利斯上尉立即把那个学员揪出队列示众。

两天后，有5名学员来到塞耶的住所，声称他们是学员推选出的委员会代表，来揭发布利斯上尉，反映学员对他的不满，并要求撤换他。同时，他们还向塞耶上交了一份有众多学员签字的意见书。

塞耶校长审视着面前的5名学员，坚定地拒绝了他们的要求。他说："任何学员受到不公正的待遇，均可以上诉。但你们所要求的是另一回事，你们的所作所为也不符合军人的标准。因此，对你们提出的要求，我不能予以考虑。先生们，你们可以走了，请注意，以后不要再发生类似事情。

这些人仍不甘心，经过秘密会议，第二天又到塞耶处呈交了请愿书，这份请愿书对布利斯上尉进行了一系列指控，罪状有4条。塞耶再一次审视这5名学员，随后做出了一个大胆的决定。塞耶命令5名请愿者必须在6小时内离开西点军校，与此同时，塞耶向学员团发布命令，痛斥任何反对合法领导的联合请愿。因为不论从军队或平民的角度来看，联合请愿都是违反第一号命令（塞耶到校后所制订）的行为。随后，塞耶叫来一位监察员询问被开除学员的离校情况，监察员报告说5个人仍赖着不走。塞那再次下命令：他们必须在1个小时内离开。最后，5人只好在大雨中离开了军校。

在纪律方面，塞耶不会有丝毫的妥协。比如在查访营房时，如果塞耶发现有不符合规定的地方，他不是直接批评学员或让学员纠正，而是把责任交给学员指挥官，指挥官再依次把责任交给应负责任的下级，这就叫按级负责。塞耶不允许超越指挥系统行事。

有一次，一个学员到哈得逊东岸去赴宴，一到宴会就与塞耶校长打了个照面。他大吃一惊，根本没有想到校长塞耶也来做客。宴会上，塞耶彬彬有礼，并按照当时的习惯做法与这个学员礼节性地相互祝酒，这个学员面对严厉的校长，非常尴尬。第二天，这位学员平安地回到了西点军校。他在西点军校以后的两年中一直等待着过失通知书，可一直没有等到。在他毕业后很长一段时间才了解到，塞耶校长为他赴宴严厉地责备了他的指挥官，因为按规定，学员外出参加社会活动必须经过严格的审批。

对于西点军校严格的纪律，一位学员回忆道："在军校服役，一个人身处具有明确目标和严格纪律的环境之中，是一个很好的训练，这对后来我所从事的工作非常有意义。我同时还得到了一个很好的机会了解如何领导一个组织，我从西点军校获益匪浅。"这段话告诉了中国青少年西点军校制订严格纪律的意义所在。

提升情商箴言

情商的一个重要因素就是自制力，西点军校情商训练的手段之一，就是用严格的纪律监督学员培养自己的自制力。

把遵守纪律培养成一种习惯

战斗力不是凭空而来的，而是在服从指挥、遵守纪律的前提下实现的。如果一个军人不遵守纪律，没有服从意识，那么军队的战斗力就不会有保障。西点军校有一句名言："一名合格的军人必须被打上纪律的烙印，只有这样，才能在今后无论多么严苛的条件下都能完成任务。"

在西点军校，军人的纪律是不允许违反的，如果你不能遵守这些严格得甚至有些过分的纪律，那就只能选择离开。西点从学员进入军校开始就十分强调纪律的重要性。战士的生命意味着责任，他们必须服从命令，遵守纪律，并且时刻准备着参加战斗。当冲锋号吹响的时候，他们必须出发，哪怕是赴汤蹈火，也要勇往直前。

关于纪律，威廉·拉尼德做了一个非常生动的描述："上司的命令，好似大炮发射出的炮弹，在命令面前你无理可言，必须绝对服从。"一位西点上校讲得更精彩："我们不过是枪里的一颗子弹，枪就是美国整个社会，扳机由总统和国会来扣动，是他们“发射”我们。他们决定我们打谁就打谁。”当年黑格将军之所以被尼克松总统看中，就是因为他的服从精神和严守纪律的品格。

谈到纪律，巴顿说：“你必须做个聪明人，动作迅速，精神饱满，自觉遵守纪律，这样才不至于在战争到来的前几天为生死而忧心忡忡。你不该在思虑后才去行动，而是应该尽可能地先行动再思考。只有纪律才能使你所有的努力，所有的爱国之心不至于白费。没有纪律就没有英雄，你会毫无意义地死去。有了纪律，你才真正不可抵挡。”巴顿不仅是这样说的，也是按照这样的标准做的。

在第二次世界大战中，美军在突尼斯卡塞林山口同德军的战役中惨败，第二军军长弗雷登道尔被就地撤职，巴顿临危受命，被要求将第二军训练成为一支战斗力强大的部队。

巴顿是1943年3月6日正式接管第二军的，而战役的总指挥亚历山大将军把军事进攻的日期定在3月17日。也就是说，巴顿只有11天的时间进行战斗准备。当务之急是使萎靡不振的军队恢复士气，提高战斗力，任务是十分艰巨的。根据长期的治军经验，巴顿认为一支纪律松懈、军容不整的军队是不会获胜的。所以，巴顿决心从整顿军纪入手，采取“不民主和非美国的方式”，将这群“乌合之众”好好地收拾一番。

巴顿首先从严格作息时间抓起，并以身作则。他到任后的第二天早上7点钟，巴顿按作息规定准时到食堂就餐，结果发现只有他和参谋长加菲来了，他当即命令厨师马上开饭，一小时后停止，并发布命令：“从明天起，全体人员准时吃饭，半小时之内完毕。”巴顿抓住了吃早饭这一环节，杜绝了军人迟到的现象。

随后，巴顿发布了强制性的着装令：凡在战区，每个军人都必须戴钢盔、系领带、打绑腿，后勤人员也不例外。这项命令还适用于战区的医务人员和兵器修理工。对于违反此项命令的人规定了罚款数额：军官50美元，士兵30美元。巴顿半开玩笑地说：“当你要动一个人腰包的时候，他的反应最快。”

但是仍有些人对纪律视而不见、充耳不闻。了解这一情况后，巴顿亲自带着人四处巡视，把不服从纪律的军人强制集中起来，进行了非常野蛮的训斥：“各位听着——我不会容忍任何一个不执行命令的兔崽子！现在给你们一个选择的机会，要么罚款25美元，要么送交军事法庭并记入档案，你们自己看着办吧！”这些士兵只好认罚。

尽管巴顿的这些做法招致许多人的反感和咒骂，但他这种雷厉风行的作风震动了第二军，部队官兵一扫过去那种松松垮垮的作风，士气大振。

另外，巴顿继续以他特有的方式激励部队。他跑遍了四个师的每个营，督促军官，鞭策士兵，顺便还要检查军容风纪的执行情况。他的检查极为彻底，甚至连厕所也不放过，因为上厕所的人最容易忘戴钢盔。他鼓励官兵们要有攻击精神，像狮子一样残酷无情地打击敌人，号召他们“为人类进步事业而冲杀，但不是为之死亡”。虽然官兵们对巴顿这种做法一时还难以理解，但他的高压整治确实给士兵们留下了深刻的印象，并使他们发生了很大的改变。

最后，巴顿出色地完成了任务，把自己的战斗精神输入到了这支部队。虽然有人恨他，但是官兵都很尊重他，并开始效仿他。部队有了铁一样的纪律和秩序，士兵们恢复了自信和勇气。巴顿欣喜地看到，在短短的几天内，第二军的面貌焕然一新，将士们装备精良，士气高涨，军纪严明，这群“乌合之众”被锤炼成了无坚不摧的优秀团队。

战斗再度打响后，德军发起强大的攻势，但遭到第二军的顽强抵抗，他们表现得十分英勇。最后，德军无功而返。这是美军在北非战场取得的又一个胜利，足以证明第二军已经不是十几天前的那群“乌合之众”了，事后，巴顿自豪地说：“稍烟一散，我们看到没有一个美国士兵后退一步。”

什么是纪律？纪律就是依照规章或上级命令认真执行，毫不含糊；就是指挥官让你一个小时完成任务，你就不能拖到一小时零一分；就是当你站岗值勤时，蚊虫叮咬面颊，也不去拍打；就是像英勇的战士一样为了不暴露目标，纵然火烧全身仍然一动不动！

有了严明的纪律，才有出色的战斗力和执行力。一个行为散漫、工作拖拉、没有纪律观念的人，不会认真服从上级的指令，不会不折不扣地履行承诺，不会自动自发地完成任务。

纪律反映在每个细节中。对西点军人而言，帽子必须戴正，领扣必须扣严，站姿必须标准，熄灯号响过后必须躺下，必须准时出操等等，这些就是纪律。

提升情商箴言

对青少年而言，准点上下课，按学校要求着装，按时按量完成大人交给的任务，不违反学校、家长的每一个规定，请告诉我结果，不必做过多解释——这就是纪律。

将服从精神烙到你的骨子里

威灵顿是拿破仑战争时期的英军将领，曾任英国第25任、第27任首相，因治军严格被称为“铁公爵”。关于服从，威灵顿说：“服从命令是一个军人的天职，这是我们的责任，并不是侮辱。军人必须把服从训练成本能。”

服从纪律是西点军校培养学员的基本目的。这种服从绝不仅仅是指单纯的“听话”，也不仅仅是指机械地遵照上级的指示行事。服从离不开强大的自制力，需要个人付出相当大的努力，要在一定限度内牺牲个人的自由、利益，甚至生命。

那些进入西点军校的学生无一不是高中时代的优秀分子，他们不论是在学业还是在课外活动的表现上，都是名列前茅的人。但西点军校严格打压个人主义，全力训练学员的服从精神。

对刚入校的新学员，西点军校要进行极为严格的服从训练。这些训练让他们明白，他们只不过是西点这个大团队中的一分子。有一定的法规和纪律理念约束他们，并让他们知道自己对国家负有重大的使命。另外，为了使新学员具有坚定的服从意识，西点军校还对学员们进行近乎残酷的训练。在训练的过程中，学员们失去了“自由”，不准保留任何最基本的个人财物，不准保留任何代表个人特色的象征。在最初训练的几个星期里，所有的新学员都像新生儿一样，无名无姓，也没有任何独立的个性，他们完全变成了一个符号。

在西点军校，服从是一种至高无上的道德观念。

1962年，唐尼索·恩还是一个对未来充满幻想的18岁青年。到西点军校报到的那一天，唐尼索·恩穿着一件红色T恤和短裤，提着一个小皮箱，在体育馆办理完报到手续后，他就走向校园中央的大操场。

在操场边上，一位身穿制服的学长向唐尼索·恩走过来，说："嘿，穿红衣服的那个，到这边来。"唐尼索·恩一面走向学长，一面伸出手说："我叫唐尼索·恩。"唐尼索·恩面带笑容，等待这位学长热情的问候。

但是，唐尼索·恩没有想到，学长竟然非常严厉地对唐尼索恩说："菜鸟，你以为这里有谁会关心你叫什么名字吗？"

唐尼索·恩非常尴尬。紧接着学长命令唐尼素恩把皮箱丢在地上。唐尼索恩弯下腰把皮箱放在地上。学长说："菜鸟，我是叫你把皮箱丢下。"

这一次，唐尼索·恩弯下身，在皮箱离地面5厘米左右松手让它掉下去，学长还是不满意。唐尼索·恩一再重复这个动作，直到最后一动不动地只把手指松开让皮箱自己掉下去，学长才满意。仅仅是这一个简单的动作，学长就把唐尼索·恩折磨了半天。

这种带有一些侮辱性质的训练方式是西点军校的一大特色，它使学员的身体疲惫不堪，而这正是西点军校训练学员服从精神的方式之一。

为了培养学员的服从意识，每个人都被要求切记避免"对总统、国会或自己的直接上司有任何贬低的评论"。教官告诉学员："不要传递那种不受上司欢迎的文件和报告，更不要发表使上司讨厌的讲话。"如果学员摸不准自己的报告或发表的讲话是否符合上司口味，可以事先征求一下上司的意见。西点军校还教育学员养成"公务员的性格"，坚信当权者是完美无缺的人，是有识之士，对当权者不要有任何怀疑。

关于服从精神，巴顿讲了一个故事。

他说：我在提拔人前常常把所有的候选人排到一起，给他们提一个想要他们解决的问题。我说："士兵们，我要在仓库后面挖一条98英尺长、3

英尺宽、6英寸深的战壕。”我就告诉士兵们那么多。

我们有一个带窗户或有大节孔的仓库。候选人正在检查工具时，我走进仓库，通过窗户或节孔观察士兵们。我看到他们把锹和镐都放到仓库后面的地上。士兵们休息几分钟后开始议论我为什么要他们挖这么浅的战壕。

有的人说这样深还不够当火炮掩体。其他人争论说，这样的战壕太热或太冷。最后，有个士兵对别人下命令：“让我们把战壕挖好后离开这里吧。那个老家伙想用战壕干什么都没关系。”

最后，巴顿说道：“那个士兵得到了提拔。我必须挑选坚决服从命令，不找任何借口地去完成任务的军人。”

巴顿将军不仅要求别人服从他的命令，同时他自己也以身作则。布莱德雷将军就曾经给巴顿写过这样一个评语：“他总是乐于并且全力支持上级的计划，而不管他自己对这些计划的看法如何。”巴顿将军之所以被誉为西点军校最杰出的学员之一，被历代西点学员所崇拜，其中最重要的原因之一就是他的服从精神。

一支部队，一个团队，一名战士，要完成上级交付的任务，就必须具有强大的执行力。接受了任务就意味着做出了承诺，而兑现不了自己的承诺是不应该找任何借口的。这是一种很重要的思想，体现了一个人对自己的职责和使命的态度。思想影响态度，态度影响行动，一个绝对服从的人，肯定是一个执行力很强的人。

隆巴第是美国橄榄球运动史上一位伟大的橄榄球队教练。在隆巴第的带领下，美国绿湾橄榄球队成了美国橄榄球史上最令人惊异的球队，创造出了令人难以置信的成绩。看看隆巴第的言论，能从另一个方面让我们对执行力有更深刻的理解。

隆巴第告诉他的队员：“我只要求一件事，就是胜利。如果不把目标定在非胜不可，那比赛就没有意义了。不管是打球还是工作，一切的一切，都应必胜。”

隆巴第说：“你要跟我工作，你只可以想三件事：你自己、你的家庭和球队，按照这个先后次序。”

隆巴第又说：“比赛就是不顾一切。你要不顾一切拼命地向前冲。你不必理会任何事、任何人，接近得分线的时候，你更要不顾一切。没有东西可以阻挡你，就算是一辆战车或一堵墙，或者是对方的11个人，都不能阻挡你要冲过得分线。”

正是由于有了这种坚定的服从意识，绿湾橄榄球队的队员们拥有了完美的执行力。在比赛中，他们的脑海里除了胜利还是胜利。对他们而言，胜利就是目标，为了目标，他们奋勇向前，锲而不舍，没有抱怨，没有畏惧，没有退缩。因此，他们成了战斗力最强的一支团队。

无论什么工作都需要这种懂得服从、拥有完美执行力的人。对我们而言，无论做什么事情，都要记住自己的责任，无论在什么样的工作岗位上，都要对自己的工作负责。不要用任何借口来为自己开脱或搪塞，服从不需要任何借口。

在服从精神的训练上，西点军校有独特的方法。比如，军官向学员下达指令时，学员必须重复一遍军官的指令，然后军官问道：“有什么问题吗？”学员的回答只能是：“没有，长官。”学员的回答就是做出承诺，就是接受了军官分派给他的任务。就连站军姿、行军礼等千篇一律的训练，都无一不是在培养学员的意志力、责任心和自制力。在这样的训练中，西点军校的文化慢慢渗透到了每一个学员的思想深处。它无时无刻不在激励着学员，让他们总是具有饱满的热情和旺盛的斗志。

提升情商箴言

服从是行动的第一步，处在被领导者的位置上，就要遵照上司的命令做事。你必须暂时放弃个人的利益，全心全意去执行团队的价值观念。

要自由，先自制

情商专家指出，自制力就是控制自己的能力，是指能够完全自觉地、有意识地控制自己的情绪、支配自己行动的能力。培养学员的自制力是西点军校情商训练的主要目标。

在西点军校，一切纪律或制度都是为了训练学员的自制能力。自制意味着自由。对此，西点学子、美国陆军五星上将纳尔逊说："一个能自制的思想，是自由的思想，自由就是力量！有时，为了获得真正的自由，必须暂时尽力约束自己。"高度自制才能实现高度自由，为了获得真正的自由，必须暂时尽力约束自己。这是西点法则，任何人都不允许违背，否则就会被西点无情地赶出大门。

自制是一种很重要的意志表现，也是一种很重要的情商。在生活中我们可以发现，能镇定且平静地注视一个人的眼睛，甚至在极端恼怒的情况下，也不会发一丁点儿的脾气，这种人有一种无比强大的力量，而他们往往也是某个领域或者某个区域的王者。

有一个经验老到的间谍，不幸被敌人抓获。在接受审讯的时候，这个间谍装聋作哑，什么也不说。任凭敌人用怎样的方法诱问他，他都决不会为威胁、诱骗的话语所动。等到最后，审问的人也许会故意和气地对他说："好吧，看起来我从你这里问不出任何东西，你可以走了。"

这个有经验的间谍是怎样做的呢？他会立刻带着微笑，转身走开吗？不会的！没有经验的间谍才会那样做。要是他真是这样做，说明他的自制力是不够的，这样的人谈不上有经验。有经验的间谍会依旧像毫无知觉似的呆立着不动，仿佛他对于那个审问者的命令完全不曾听懂似的，这样他就胜利了。

原来，敌人原是想在他自由的时候，来观察他的聋哑是否是真的。一个人在获得自由的时候，常常会抑制不住情绪的反应，但那个间谍听了依然毫无动静，仿佛审问还在进行，使审问者也不得不相信他确实是个残疾人了，只好说："这个人如果不是聋哑的残废者，那一定是个疯子！放他出去吧！"

就这样，这个间谍以他特有的自制力，捡回了一条命。

我们从上面的小故事中也可以看出来：生活中有很多时候，在很多事情上，只有具备超强的自制力才能达到目标。

苏格兰人唐纳德·麦克瑞在乡下开了一家小小的杂货店，储存了各种货物。平时他的小店窗户灰暗，布满蜘蛛网，生意不太好。

他向伦孰一家公司定了40磅靛青，这足以让他卖上几年的了，结果，他的订单在客户那里被写错了，变成了40吨靛青。公司知道唐纳德信誉很好，于是就发了40吨靛青给他。

面对这40吨靛青，唐纳德惊呆了。整整一个星期，他头昏脑涨地走来走去，一直在四处询问该怎么办，他想尽了靛青可能有的所有用法。但是，老天啊，有40吨之多啊！

有一天，一位衣衫整洁的推销员坐着两匹马拉的大马车从伦敦来到乡下，找到了唐纳德，对他说，伦孰的公司知道是他们自己犯了个错误，他就是被派来处理此事的。他们可以运回已经发出的靛青，并且将付给唐纳德运费。唐纳德心想：公司如果没有什么益处的话，是不会特地派人来处理此事的。于是，唐纳德坚持说，并没有弄错。

这个推销员又说："那我们去找个小酒店，边喝边谈吧。"

唐纳德控制住了他对美酒的喜爱，心想现在必须保持清醒的头脑，所以就没有答应。那个推销员用了各种方法，试图与唐纳德谈谈，但是唐纳德都避开了，还对那人说："你如果以为苏格兰人不知道自己在做什么的话，那就大错特错了。"

情急之下，推销员说出了真相："事实上，我们得到了一个大的靛青订单。我们的现货不够。为此，我们可以给你500英镑的奖金来拿回发给你的靛青，另外运费仍然由我们承担。"

唐纳德摇头，他想看看对方的底线到底是多少，推销员提出的另一个价钱，也被唐纳德拒绝了，最后这个推销员完全失去了理智，把公司给他的指令和盘托出，说："喂，你这顽固的老头，5000英镑，我最多能给这个价。"唐纳德平静地接受了。

原来，当地政府的军队要用蓝色颜料来染军服，因此迫切需要购买大量的靛青。唐纳德因为非凡的自制力而发了一笔财。

自制力强的人能理智地控制自己的欲望，分清轻重缓急，然后再去满足那些社会要求和个人身心发展所必需的欲望，对不正当的欲望则坚决予以抛弃。自制力强的人处于危险和紧张状态时，不会轻易被激情和冲动所支配，不会意气用事，能够保持镇定，克制内心的恐惧和紧张，做到临危不惧、有条不紊。

或许青少年会有这样的体会：当沸腾的血液在狂热的大脑中奔涌时，控制自己的思想和言语是那么困难。但你要清楚，成为自己情绪的奴隶是多么危险和可悲。这不仅对工作与事业来说很危险，甚至还会对一个人的名誉和声望产生非常不利的影响。你是否经常因无法兑现自己的承诺而愧疚、自责、沮丧、后悔？以上问题如果你的答案为四个"是"，那么，就说明你应该提高自己的自制力了。

提升情商箴言

西点军校如此严厉地要求学员，目的就是要磨炼学员的意志力，让他们形成一种自我约束、自我控制的能力——自制力。

没有纪律，就没有一切

当你的企业和员工都具有强烈的纪律意识，在不允许妥协的时候绝不妥协，在不需要借口时绝不找任何借口——比如质量问题；比如对工作的态度等，你会猛然发现，工作因此会有一个崭新的局面。一个团结协作、富有战斗力和进取心的团队，必定是一个有纪律的团队。

西点军校非常注重对学员进行纪律锻炼。为保障纪律锻炼的实施，西点有一整套详细的规章制度和惩罚措施。

如果学员违反军纪军容，校方通常惩罚他们身着军装，肩扛步枪，在校园内的一个院子内正步绕圈走，少则几个小时，多则几十个小时。关于这方面的轶事，我们随处可见。

据说，艾森豪威尔到西点不久，就因为他的自由散漫而赢得了“操场上的小鸡”的头衔。原因是艾森豪威尔经常不得不接受惩罚，像小鸡在田间来回走动一样在操场上来回走步，只是不如小鸡那样自由罢了。

西点军校纪律锻炼主要是在新生入学后的第一年完成。西点认为，通过纪律锻炼，可以迫使一个人学会在艰苦条件下怎样工作与生活。比如日常的着装训练，让高班级学员管新生。一会儿下令集合站队，一会儿又指令返回宿舍换穿白灰组合制服（即白衬衣加上灰裤子），限定在5分钟内返回原地并报告：“作好检查准备”。接着班长又一次下命令，换上学员灰制服。在整个过程中，必须无条件地完成指令，不得有任何借口。

这样的训练整整持续一年，纪律观念由此深深地根植于每个人的大脑中。同时，与之而来的，却是每个人强烈的自尊心、自信心和责任感，这是一些让人受益终身的精神和品质。西点军校纪律的严格训练，帮很多西点学员成为了一名合格的陆军指挥官。还是来看看伟大的巴顿将军的例子吧。

乔治·福蒂在《乔治·巴顿的集团军》中写道：“1943年3月6日，巴顿临危受命为第二军军长。他带着严格的铁的纪律驱赶第二军就像‘摩西从阿拉特山上下来’一样。他开着汽车转到各个部队，深入营区。每到一个部队都要啰啰嗦嗦训话，诸如领带、护腿、钢盔和随身武器及每天刮胡须之类的细则都要严格执行。巴顿由此可能成为美国历史上最不受欢迎的指挥官。但是第二军发生了变化，它不由自主地变成了一支顽强、具有荣誉感和战斗力的部队……”

巴顿可以说是美国历史上个性最强的四星上将，他在纪律问题上，对上司的服从态度毫不含糊。他深知，军队的纪律比什么都重要，军人的服从是职业的客观要求。他认为："纪律是保持部队战斗力的重要因素，也是士兵们发挥最大潜力的基本保障。所以，纪律应该是根深蒂固的，它甚至比战斗的激烈程度和死亡的可怕性质还要强烈。""纪律只有一种，这就是完善的纪律。假如你不执行和维护纪律，你就是潜在的杀人犯。"巴顿如此认识纪律，如此执行纪律，并要求部属也必须如此，这是他成就事业的重要因素之一。

提升情商箴言

一个积极主动、忠诚敬业的青少年，也必定是一个具有强烈纪律观念的青少年。可以说，纪律，永远是忠诚、敬业、创造力和团队精神的基础。对青少年来说，更应该懂得纪律养成的重要。

第07课

做一个敢于担当的人

现在的青少年大多娇生惯养，家长往往忽视了对子女责任感的培养。青少年只有敢于担当，敢于承担别人不敢承担的责任，将来才能委以重任，成就一番事业。一个勇于担当的青少年，应该拥有强烈的责任感和使命感，能做到诚实守信、一言九鼎。

每个人都要自觉履行责任

培养强烈的责任感是西点军校情商教育的核心内容。关于责任，西点巨人罗伯特·李将军说：“责任在我们的语言里是一个最崇高的字眼。做所有的事情都应尽职尽责，你不能逃避责任，你也永远不要期盼敷衍了事。”在西点军校，逃避或推卸责任是一种耻辱，当国家把安危交付给自己时，任何事情都不如担负起这个责任重要。

培养高度的责任感，锻造出能时刻担当起保家卫国重任的合格军人，是西点军校的使命。西点军校教育者指出：没有责任感的军官不是合格的军官。

西点军校的章程里面规定：每一个学员，无论任何时候，无论是否穿军装，无论是否在校内，无论是担任警卫、宿舍值班员，还是值勤的军官，都有义务、有责任履行自己的职责。在履行职责时，其出发点不应是为了获得奖赏或避免惩罚，而是出于发自内心的使命感。

西点军校要求所有学员从入校那天起，就要自觉自愿地去履行自己的职责。西点军校这种对责任感的要求和教育，为学员在以后的人生中忠实地履行自己的责任奠定了基础。

在西点军校，随处都是责任的体现。军校要求每个学员都必须遵守和维护各项规章制度，照章办事而不能越规，对于那些违反规章的人和事都要按照规章的要求予以提示、劝诫或纠正。当然，责任的性质可能很宽泛，没有明确的规定。

无论是在学习中、训练中，还是在参加各项战斗中，抑或是在生活、社交、伦理等方面，每个学员都要有责任意识来正确对待，哪怕再小的事都不可忽视。

单就西点军校对学员的行为责任要求来看，就有几十项，如遵守纪律、维护纪律的责任；警惕色情、不进行性骚扰的责任；保持等级、不超越职权的责任；正当交往、不违反规范的责任；参与全国大选、不违背效忠国家誓言的责任；参与公共事务、不作旁观者的责任。学员必须对各项责任规定熟悉于心。

西点军校对学员在社会道德方面也进行了责任要求，如不扰乱社会秩序，不破坏纪律；一旦扰乱和破坏，要及时将过错报告上级；如果有学员知道有人正在犯错或已经铸成错误，要尽快将情况向军官和各级学员指挥官报告。如果知情不报，将被视为犯了同样的错误而受到处理。

西点学子、康帕斯集团的总裁约翰·克里斯劳对此深有感触。

约翰·克里斯劳曾经有一个室友违反了西点军校的荣誉准则，当室友把这件事情告诉克里斯劳的时候，克里斯劳并没有网开一面。这并不是说克里斯劳不在乎室友，也不是说他和室友关系不够好，相反，克里斯劳非常关心他的室友，他们是最好的朋友。但是克里斯劳知道，如果不揭发室友，室友还会犯同样的错误。与其让室友再次犯错，不如举报他。

克里斯劳当时只有18岁，但他知道自己首要的责任就是坚守西点军校的荣誉原则。这就是西点人对责任的重视。

从西点大量的有关学员犯错误的记载和处理情况来看，违反校规校纪的学员很少掩饰自己的过失。他们从不强调客观理由，不找任何借口对自己的过错进行辩解。

另外，西点军校对学员的行为做出了具体规范，都有明确的责任标准，甚至包括吃饭、休假，哪怕有一点没有做好，都会被认为是不负责任的行为。因为西点教育者知道，学员在校时虽然是年轻的学生，但一旦走出校门，他们就将肩负起保卫自己和其他人的安全、乃至整个国家的安全的神圣职责。

提升情商箴言

责任无处不在，责任不容推卸。无论在何种环境下，无论遭遇什么情况，青少年都必须学会对自己的一切行为负责。

责任面前没有任何借口

多年以来，西点军校都有责任教育的传统。比如西点军校校长威斯特摩兰的一个重要观点是“少谈体制因素，注重个人责任”。威斯特摩兰校长后来走到越战的前线，成了越战的最高指挥官，在后来不得不检讨越战行为时，他仍对西点的教育体制一往情深，不容忍人们攻击西点的体制。“人生所有的履历都必须排在勇于承担责任的精神之后。”这是西点军校的情商教育理念。从西点毕业的有成就的人，都一直坚持着不逃避责任、不推卸责任的态度。

“没有任何借口地承担责任”是西点军校奉行的教育准则。在西点军校，如果有长官问学员：“你为什么不把鞋擦亮？”学员如果回答“鞋脏了，我还没来得及擦”。肯定会被长官教训一顿。因为军官要的是结果，而不是各种各样的借口。强调客观原因在西点军校被认为是逃避责任、胆小懦弱的表现。

在西点军校，对学员的评价和座位的排定都是以对他们的定量考核为基础的，而不是看他们在社交场合是否活跃。学员的平均学业积分要作为他们在同班同学中排名的依据——这个排名位置决定着每个人可供选择的军官职位的大小，以及每名学员在第一次分配工作时可以在多少种职位间进行挑选。可以说，从进入西点到毕业的那一天，对学员的评估和界定都是以实际表现而不是以语言或社交能力为基础的，这样做的目的就是强化学员承担责任的意识。

“请告诉我结果，不必做出更多的解释。”这种“只要结果”的信念会被带入新学员第一次分配的工作中，往往还要伴随终生。作为军人，他们深知完成任务、履行职责比什么都重要。

的确，履行职责不是强加在学员身上的义务，但是他们需要对自己做过的事情负责任。因为，责任感是他们走向社会的关键品质，是他们在社会上立足的根本。

西点人知道，只有勇敢地承担起自己的责任，没有任何借口地完成自己的使命，生命的平台才会越建越高，自己的人生才会有意义。

美西战争时，西点毕业生哈里中尉被派驻南部高地担任陆军连长，负责带领150名美军士兵参加战斗。

有一次，上级命令哈里的连队在最短的时间内在一个偏远的地方修建一个临时跑道。长官希尔中校和哈里一样承受着巨大的压力。有一天，希尔前来视察进度，看到用有孔钢板搭建的地基，希尔认为做得不对，便怒声问道："是谁下令这样建的？"哈里马上回答："报告长官，是我。"

希尔中校听后非常生气，不过他并未再说什么。而是大家一起认真地讨论，以求找出一种合适的弥补方法。

其实，当时哈里可以有很多借口找，完全可以把责任推到别人头上。但最终哈里没有那样做，他选择了相对于这个团队来说最好的决定，尽管这样自己的自尊会受到一定的伤害。这就是西点人勇于负责的精神。

森林里有一只母虎正给小虎仔喂奶，它没有发现一群猎人正悄悄地靠近它。当它终于感觉到危险的时候，猎人们已经举起了长矛。母虎想逃跑，但它又舍不得孩子。为了救孩子，它放弃了逃跑，而是冲着猎人们怒吼，发狂的母虎极其凶猛，把猎人吓傻了，因为在平时，老虎看到猎人拿着长矛都会快速地逃跑。这只母虎不但不逃跑，而且暴怒地冲着猎人怒吼，猎人们不得不放弃这次狩猎。

是什么让母虎勇敢地留下来、吓跑猎人呢？有人说是母爱。的确，母爱在这里是主要原因；但更是一种责任，一种要保护小老虎的责任，促使母虎勇敢地同猎人们对抗。其实，母虎也害怕，但是这种由爱心催化而生的责任，让母虎勇敢起来，战胜了自己的懦弱，并最终战胜了猎人。这就是责任的巨大力量。

提升情商箴言

学会承担责任，是青少年成长过程中必经的一个重要步骤，是人生旅途中非常重要的一堂情商课。愿意承担责任和义务是强者的标志，因为只有强者才敢于对自己的行为负责。

要有不可或缺的使命感

西点学员贝特培德认为，西点军校告诉了他人生的全部意义。她说：“我明白了，我不仅仅是来读书的，也不仅仅是来踢球的。我时刻准备着服务，我想这是我的生活动力。毕业前，我和一些朋友聊天，我问他们毕业后想做什么，他们说不知道。而我知道，有些事情正等待我去完成。”

“不要问国家给了你什么，问问你自己，你给了国家什么。”肯尼迪总统的这句名言，每个西点学员都背得滚瓜烂熟。如果一个人没有使命感，没有内心热爱的驱使，就只能在人生的旅途上徘徊，永远不能到达更远的地方；而拥有使命感的人，则具有自动自发的精神，敢于付出而无怨无悔。

毕业于西点军校的纳尔逊将军就是一个使命感极强的人。

纳尔逊从西点军校毕业后，在1870年参加了海军，不久就成为了上尉。在1894年的一次海战中，纳尔逊上尉不幸失去了右眼，1896年他被晋升为分舰队司令，1897年被授予海军少将军衔。但是不幸又一次降临到他的头上，在一次战役中，他失去了右臂，为此他不得不复员返乡。

但是他知道自己的职责是保家卫国，他不能就此将自己的这一职责丢弃，于是就在同年，他又申请重返军队，并被晋升为海军中将。

1898年10月21日，在纳尔逊将军的率领下，美军在古巴特拉法尔加角海战中，大败法西联合舰队，最终粉碎了西班牙入侵美国的美梦，不过，这场战争却夺走了纳尔逊的性命。

事情是这样的：

纳尔逊有祈祷的习惯，尤其是在硝烟弥漫的战场上，他祈祷自己的部队能够以人道的方式对待敌人，希望以人道的方式获胜，这样可以在道义上区分于别国。他是这样说的，同时也是这样做的。当击中敌方的战舰后，他曾两次下令停止继续炮击，他是在施行人道主义，认为经被击中的战舰已经丧失了战斗力，但令人遗憾的是，在残酷的战争中，他的人道却没有换来敌方的人道。当敌方战舰近距离靠近纳尔逊所在的战舰时，敌人在舰尾桅杆顶部开枪射击，击中了纳尔逊的肩膀和胸膛，纳尔逊危在旦夕。

军医赶紧进行抢救，但纳尔逊将军非常清楚自己的状况。他知道自己躲不过这一关了，于是就将外科医务人员打发出去，他想在最后的时刻将自己想说的话说出来。他留下了哈定舰长和毕提医生。哈定舰长不停地鼓励纳尔逊将军，说医生可以挽救他的性命。纳尔逊将军轻轻地摇摇头，示意已经没用了。毕提医生握着他的手，问他是不是很痛。纳尔逊将军说："是的，我非常痛，痛得我恨不得马上死掉，虽然我希望可以再多活一会儿。"

过了一会儿，纳尔逊低声说："不要把我丢到大海里，如果可以的话，将我带回到我父母的墓地旁边吧，我想我应该陪着他们，除非总统有什么其他的想法。"然后，他又用低微的声音对哈定说："请帮我关照亲爱的汉密尔顿夫人。哈定，你可以做到的，不是吗？哈定，吻我。"

哈定跪下去吻了纳尔逊将军的脸，"感谢上帝，我完成了我的使命。"纳尔逊将军说话越来越困难了，但他一直在重复这最后一句话，一直到他死去。

这就是西点军人的使命感。像纳尔逊那样具有强烈使命感的人，不但具有坚强的意志和坚定的决心，还具备极强的探索精神，乐于在自己的工作领域里刻苦钻研、尝试创新。他不是被动地等待着新使命的降临，而是积极主动地寻找目标和任务。他不是被动地适应工作使命的要求，而是积极、主动地去研究，改变所处的环境，尽力做出一些有意义的至关重要的贡献。

费兰德也是一个有使命感的人，早在13岁时，他就要求自己有所作为。那时候，他把自己人生的目标不可思议地定在纽约大都会街区铁路公司总裁的位置上。

为了这个目标，他从13岁开始，就与一伙人一起为城市运送冰块。虽然没有上过几天学，但是他依靠自己的努力，不断利用闲暇时间学习，并想方设法向铁路行业靠拢。18岁那年，经人介绍，他进入了铁路行业，在长岛铁路公司的夜行货车上当一名装卸工。他觉得这对他而言，是一个十分难得的机遇。尽管每天又苦又累，但他都能保持快乐的情绪，因此他受到了上司的赏识，被安排到铁路上，开始做检查铁轨和路基的工作。尽管每天只能赚1美元，但是他感觉到自己已经开始向铁路公司总裁的职位迈进了。

随后，费兰德又被调到铁路扳道工的岗位上。在这里，他依然勤奋工作、加班加点，并利用空闲帮上司做一些力所能及的工作。他觉得只有这样，才可以学到一些更有价值的东西。

多年以后，费兰德回忆说："不知道有多少次，我不得不工作到午夜，才能统计出各种关于火车的盈利与支出、发动机耗量与运转情况、货物与旅客的数量等数据。做了这些工作后，我得到的最大收获就是迅速掌握了铁路各个部门具体运作细节的第一手资料，而这一点，没有几个铁路经理能够真正做到。通过这段经历，我对这一行业所有部门的情况了如指掌。

后来，不知道什么原因，他被解雇了。但他找到了公司的一位主管，告诉对方希望自己能继续留在长岛铁路公司做事，只要能留下，做什么样的工作都可以。对方被他的真诚所感动，调他到另一个部门去清洁那些满是灰尘的车厢。很快，他依靠自己的实干精神，成为通往海姆基迪德的早期邮政列车上的刹车手。无论做什么工作，他都始终没有忘记自己的使命，不断地补充自己的铁路知识。很快，大家都知道了他是一个雄心勃勃的人。

30年后，费兰德已是公司的总裁，他依然废寝忘食地工作着，每天负责指导运送100万乘客，没有发生过任何重大的交通事故。

在一次演讲中，费兰德说："在我看来，对一个具有强烈的工作使命感的员工而言，没有什么是不能改变的，也没有什么是不能实现的。从另外一个角度来说，一个具有强烈的工作使命感的员工，也正是一个优秀的、勇于负责的人，他在任何地方都会受到欢迎，他在依靠自身的努力向前迈进的时候，也会受到各方面的帮助和支持，”

如果青少年没有强烈的使命感，没有内心热爱的驱使，他就只能在人生的旅途上徘徊，永远到达不了更远的地方。没有使命感的人通常都很不快乐，因为没有使命的激励，他们容易迷失自我；而那些心怀使命的人，总是能够创造出更大的价值，让生命获得更有意义的力量。

提升情商箴言

青少年朋友，从现在开始，树立起使命感吧。即便你在做一件微不足道的事，也会具有非凡的意义。

守信会得到最大的回报

西点军校一直有这样的观点：用兵打仗关系到千百万人的生死，团队成员具备以大局为重、诚实守信的品德，才能担当自己的使命，在战斗中克敌制胜。

牛顿·贝克将军在第一次世界大战期间担任美军陆军部长，他坚持言出必行、信守诺言：“在处理日常事情时，有些人也许因为工作的不精确，甚至不真实，受到同事的不敬重，或者受到法律起诉而烦恼。但是，作为一名军官，如果他的工作不精确、不真实，即是在玩弄他伙伴的性命，损害政府的荣誉。”

西点军校的目标是培养优秀军官，一个核心的标准是说到做到、执行到位。西点人认为，优秀执行者都是坚守承诺、兑现承诺、讲求诚信的人。守信，是军人的一种荣誉和责任。有信用的人，在团队里才会得到尊重和承认。

在严密的军营里，学员之间彼此形成信任关系。荣誉准则不但是公认的行为规则，也是大家协作一致的根本保证。不难想象，如果团队成员之间没有信任和默契，任何事都无法开展。从人际相处的角度看，守信是对他人的尊重，如果利用这种互信作出违背契约精神的事情，那是令人不齿的。而且这样做的后果是，你不但会失去眼前的一切，还会丧失一生的名声。

一天傍晚，百事可乐公司的总裁卡尔·威勒欧普走到楼下，准备陪女儿过生日。这时候，他接到了市长的电话，被邀请参加一个重要的晚宴。结果，卡尔毫不犹豫地谢绝了："很抱歉，我已经答应女儿晚上陪她过生日，我不想做一个失约的父亲。"

接着，卡尔给女儿买了生日礼物，驱车直奔市中心新开业的游乐园。原来，妻子与女儿在这里已经等了好久了。为了度过一个开心的夜晚，卡尔和妻子都关了手机，全身心地享受这个美妙的日子。

一家人正在兴头上，助理急匆匆地赶来了。他把卡尔叫到旁边，神色紧张地说："有一个非常重要的客户，很想在今天晚上与您见面，商量上次那个合同。"卡尔面露难色，无奈地对助理说："我已经答应了女儿，今天整个晚上都陪在她身边。麻烦你帮我谢绝客户吧。"

助理坚持让卡尔去见这个重要的客户，因为对方对公司接下来的发展的确不容忽视。一边是玩得开心的女儿，另一边是等待约见的重要客户，卡尔犹豫了一下，仍然决定留下来陪女儿，并告诉助理跟客户约好时间，到时亲自登门拜访。

第二天，卡尔上班做的第一件事，就是打电话向那位客户道歉。

出乎意料的是，客户非但没有生气，反而由衷地赞叹道："卡尔先生，其实我要感谢您啊，是您用行动让我真切地记住了什么叫做一诺千金，我明白百事可乐公司兴旺发达的真正原因了。"接下来，卡尔和这位客户成了非常亲密的合作伙伴，两个人维持了长久的合作与信任关系，也让彼此的生意红红火火。

无论战场上、商场上，还是生活中，一旦做出了承诺就要坚守到底。诚实守信，是做人的基本原则，没有一诺千金就没有正直忠诚的道德品质，很难有大的作为。西点一再强调，坚定地履行诺言是很困难的，但实践了诺言的回报是丰厚的。真实的陈述容易被人接受，他们的意见受到尊重，被认为诚恳可信，还可以得到各行各业头面人物的承认，可以说终生受益。比如，接受别人交给的任务时，你就已经给出了一个承诺，就是完成任务。答应别人一个小小的要求时，也是作出了承诺，如果不完成就是对自己信誉的损失。只要作出了承诺，就必须坚决兑现，否则也不能得到信任。

一个讲诚信的人，走到哪里都是受欢迎的，在交友上他能获得朋友的信任；在经济上，他能获得上司的奖赏；在学习上获得优异的成绩，无论在哪里，别人都会给他们一个信任的眼神。作出承诺，就要坚决去实现承诺，虽然这个过程要承受各种困难，但是这份付出会让你有丰厚的回报。

提升情商箴言

诚实是西点荣誉制度的核心内容。在西点军校，制度和准则是保证言行如一，诺言得到履行的有效方式。

一旦承诺就要负责到底

应该如何理解责任，学会承担责任？不同的人会有不同的理解。在西点军校，学员总是这样回答教官：“是，长官，保证完成任务！”

当一个学员说完这句话的时候，他作出了承诺，有完成这项任务的责任了。

西点军校坚信，没有责任感的学员不是合格的学员，没有责任感的公民不是好公民。责任感，对自己、对国家、对社会、对民族，任何时候都不可或缺。司令官要为学员树立榜样，要为下级的行动负责，甚至还有更多的责任。学员、下级也要以相同的责任意识和行动回报长官，答应完成的事情必须做到。

在混乱的战场上，士兵不能严格遵从具体的作战方法，他们依靠自己的预见能力和独立判断力，机动灵活地应对各种突发情况。他们唯一需要牢记的是，一旦接受了长官的命令，就要千方百计完成任务，实现自己的承诺。

珍妮在一家大公司办公室从事打字工作。一天，同事们出去吃饭了，这时，一个董事走进来，想找一些信件。

这并不是珍妮分内的工作，但是她依然回答道："对此信我一无所知，但是，董事先生，让我来帮助您处理这件事情吧。我会尽快找到这封信并将它放在你的办公室里。"

后来，珍妮花了好长时间，才找到那位董事需要的信件。当她把信件放到董事面前时，这位领导显得格外高兴。事情到这里并没有结束，四个星期后，珍妮被分派到一个更重要的部门工作，并且薪水提高了30%。

原来，在一次公司管理会上，有一个更高职位的工作空缺，那位董事首先想到了负责的珍妮，并推荐了她。

尽管不在自己的职责范围内，但是珍妮仍然主动帮助董事，她既然作出了帮忙的承诺，哪怕付出再多的时间，也负责到底。这就是责任意识，是一个人值得信赖和托付重任的可贵品质。

责任是对人生义务的勇敢担当，责任也是对生活的积极接受，责任还是对自己所负使命的忠诚和信守。一个充满责任感的人，一个勇于承担责任的人，会因为这份承担而让生命更有力量。

世界上很少有回报丰厚，却不需要承担任何责任的便宜事。想要一时不负责任当然有可能，但要免除世间所有责任肯定会付出巨大的代价。尤其是当你作出了承诺以后，必须负责到底，才有信誉可言。

在青少年的必备品质中，最重要的一点就是一诺千金。信守诺言是一种人们立身处世、待人接物必须具有的态度和行为品质，是社会最基本的伦理价值需要。

在西点的课堂上，教官对学员责任的灌输一刻也不松懈。许多从西点走出来的大人物都对西点赋予学员的责任感赞赏不已，不少人还提到国家利益的高度对此加以肯定。

社会学家戴维斯说："自己放弃了对社会的责任，就意味着放弃了自身在这个社会中更好生存的机会。"放弃承担责任，或者蔑视自身的责任，这就等于在可以自由通行的路上自设路障，摔跤绊倒的也只能是自己。

"那不是我的工作"、"我现在很忙"、"我不知道该如何帮你"、"这件事我们现在办不了"等等，无不是推卸责任的表现。如果你答应了别人，如果你作出了承诺，无论面对怎样的苦难，都应该付出最大努力，实现自己的诺言，坚守责任信条。

西点69届毕业生Sybase软件公司总裁马克·霍夫曼："对西点军人来说，对上司布置的任何任务，无论有多大困难，甚至牺牲自己的生命，但他们的回答只有一个'是的，长官'。"这提醒青少年，做人应当以诚信为本。

提升情商箴言

没有一诺千金，没有正直忠诚的道德勇气，很难有非凡的事业。坚定地履行自己的诺言是很困难的，但是实践了诺言，你会得到丰厚的回报。

第08课

靠自己去成就人生

每一位青少年都有自己的理想，也应该有自己的理想，同时还要具有为理想奋斗的精神。西点军人之所以创下了那么多的丰功伟绩，就是因为他们拥有远大的抱负，在任何时候都能以高亢的激情去做自己认为应该做的事情。

西点军校的理想教育

在西点军校的招生简章里有这样一段话："我们要不断地挑战和磨炼你，促使你努力成为一个全面发展的领袖人物。"从每一个西点学员喊出这些口号开始，他们的内心就已经种下了远大的理想——成为一个全面发展的人才，成为一个领袖人物。许多学员为了实现自己的远大理想而艰苦执着，他们始终斗志昂扬，时刻充满热情，因此西点军校才培养出了那么多的杰出人才。

针对西点军校的理想教育，一位学员回忆说：

"我参加在佐治亚州本宁堡开办的美国陆军突击队学院训练课，那段经历让我悟到一个道理：能不能生存，完全取决于你的信心，在身心交困的状况下，你会意识到内在动力是多么强大，在某些时刻，一切坚持下去都依靠你的内在动因。"

在西点军校开始军人生涯时，我认为自己的心态很端正。我的使命就是展现出自信、诚实、无私等品质。它们激发了我的斗志，我随时注意展现这些品质，并非为了得到别人的认可，而是为了自己的标准。

"从突击队学院毕业时，和我一起入校的学员只剩下还不到一半。处处都有半途而废的人，此次受训是考验一个人内在动因的试金石。许多学员开了头却不能坚持到底，他们内在的斗志屈服于外在的严酷条件。其实，只要实现理想的欲望强烈，斗志就会爆发出来。

"许多积极的外在激励能促使我们表现和追求卓越。在许多组织中，激励和奖赏效果卓著。但是，如果外在激励不支持你的人生理想，那作用只能是短期的。也许你赢得了所有的奖章和奖金，但是，如果它们不支持你的理想，那对你就没有太多的意义。"

远大的理想激发无限的潜能，在西点军校，每个人都很清楚这个道理。他们每个人与其说是一名学生，倒不如说是一位勇士，他们懂得理想是用来实现的，为了理想，他可以全力以赴。西点军校之所以能培养出那么杰出的人才，与它的理想教育有着紧密的关系。

提升情商箴言

“不想当元帅的士兵不是好士兵。”西点军校的教官常用这句话激发学员的热情和斗志。对于青少年而言，当把目标只是定在地平线上的时候，就无法领略到天空的高远与博大。

不想当元帅的士兵不是好士兵

在西点军校，理想是被人尊重的。西点军校的教育体系中包括理想教育，它的宗旨是让每个学员为自己的理想而奋斗。西点学员彼得·史密斯·米基就是在接受理想教育后逐步走向成功的。

米基原籍是英国，后来举家搬迁到美国。他最开始在公立学校读书，后升入伍德沃德高中，毕业时获金质奖章，接着到奈尔斯机器厂当学徒。学徒期间，米基偶然得知了一些有关西点军校的消息，这使他很感兴趣，非常幸运的是他的选区正好有一个招生名额，他便请朋友们写了一些推荐信，闯进选区国会议员乔治·彭德尔顿家中。

当时他非常兴奋，一大早便在门口敲门，但是议员还未起床，米基被仆人赶到门外。年轻的小米基毫不气馁，一直在门外等候，直到议员出来。他诚恳地向议员提出请求，最终议员被米基的真诚所打动，同意做米基报考西点军校的引荐人。

1859年，米基放弃了机器厂给他晋级增薪的机会，进入西点军校的考场，面对着戎装整齐、威武严肃的军官和教授们，他镇定自若，给校务委员会留下了深刻的印象，并以优异的成绩通过了考试，顺利考入了西点军校。

米基非常珍惜这个来之不易的机会，他非常勤奋，始终专心攻读，汲取知识。他脾气温和、处事冷静、为人忠厚，深得同学的欢迎，一入学就成为全班的“领袖人物”，教师们也都注意到了米基。在西点学习期间，由于他学习成绩优秀，很快就成为数学助理教授。

毕业后不久，米基因其出类拔萃的能力被授予中尉军衔，在昆西，A.吉尔摩少将笔下担负起了建筑炮台和炮兵阵地的重任。在南北战争最后一次战役中，米基率领两个工兵营和两个重炮连在阿波马托克斯河上成功地架起了浮桥，使部队顺利渡过阿波马托克斯河，最终战胜了南方军队，迫使罗伯特·李将军投降。可见，米基功不可没。

1864年5月，米基被晋升为上尉，联邦军总工程师韦策尔对米基赞不绝口，非常欣赏他的才智，专门向统帅格兰特提出请求，硬是把米基留在他手下工作。体格健壮、工作努力的米基不久便被任命为驻弗吉尼亚州和北卡罗来纳州的詹姆斯军团的总工程师。他负责在詹姆斯河上架设了两座浮桥，参加了攻占哈里森堡的战役，并在河北岸构筑起工事，最后又指挥开通了一条运河。一年后，米基被林肯总统授予志愿军荣誉准将的金星。

战争结束之后，米基在里士满逗留了一阵子。其间，米基并没有闲着打发时光，而是进行了一些军事研究。他对南部联郑军所发起的战役中的阵地防御和永久性军事工程进行了详细考察和研究，这些研究对他后来在西点军校的工作起了很大的作用。

1867年4月，米基调回西点军校任职，成为西点巨头丹尼斯·哈特·马汉的助手。没有了战事的困扰，米基以全部精力投入到了西点军校的教学工作中。由于自身的实战经验，他的授课质量大大优于其他教官。

后来，米基被任命为西点军校的教授。米基生气勃勃、笑容满面，授课风格幽默风趣，给许多学员留下了深刻印象，后来的五星上将道格拉斯·麦克阿瑟在回忆米基的授课时还津津乐道。

西点巨匠米基的后半生以学术著称。由于突出的成就和对西点的贡献，他先后被普林斯顿大学、达特茅斯学院授予博士和硕士学位，并致力于促进海防工事的建设事业，对美国海港设防工程的现代化和扩建有着特殊的贡献，出版了《海岸防御人》、《声波和光波运动原理》、《实用天文学》等技术专著。

经过不懈努力，米基克服了重重困难，终于实现了自己的人生理想。由此可见，远大的理想构成伟大的心灵；远大的理想产生伟大的动力；远大的理想铸就伟大的人物；远大的理想是一个人斗志的动力。

雄鹰不是先有翅膀，而是因为它们拥有飞向天空的愿望，才长出了翅膀。

严冬过后的第一个春暖之日，老鹰翱翔于天空。经过一个山区时，它看到一只鸡妈妈正领着自己的孩子们悠闲地晒太阳，于是老鹰飞了过去，落在最近的一个枝头上，问道："鸡妈妈，你也有翅膀，为什么不能像你的祖先一样在天上飞呢？天上很自由。"

"谢谢你！"鸡妈妈转身看着自己的孩子们，对老鹰说，"你看，我有这么多的孩子需要看护，我没时间呀，等它们长大了让它们飞吧。唉！我这辈子是没指望了！"

老鹰只好飞走了。

第二年的春天，老鹰再次飞过山区时，看见一只大花鸡带领着它的孩子们在散步，那只大花鸡就是去年老鹰见到的鸡妈妈的一个女儿，现在它长大了，很健壮、很结实。

鹰飞到它的身边问道："大花鸡，你也有翅膀，为什么不能像你的祖先一样在天上飞呢？天上很自由。"

"谢谢你！"大花鸡答道，"你看，我已经老了，飞不动了，我这辈子没指望了！还是等我的孩子们长大以后让它们飞吧。"

老鹰只好飞走了。

第三年，老鹰经过山区时，依旧看见一只鸡妈妈带领自己的孩子在山坡上觅食。

上帝给了鸡和老鹰同样的翅膀，让它们享受翱翔天空的自由。然而，鸡心无壮志，将搏击长空的美丽翅膀退化为一种装饰物。

世界上有很多人一辈子一事无成，原因就是他们没有远大的志向。在西点军校，绝大多数年轻学员毫无疑问是胜任工作的。从踏进校园的那一刻开始，学员就准备着承担责任、面对挑战、在压力下做出决策，并追求自己的理想。而事实上，大多数西点学员也确实在自身不断的努力下实现了自己的理想与抱负，踏上了成功的道路。

提升情商箴言

西点军人给了青少年这样的启示：如果人生没有远大的理想，就像航行没有指南针。人生的海洋宽广而深邃，有了远大的理想，才不至于走入迷途，也不至于在惊涛骇浪里不知所措。

只有自己可以依靠

拿破仑说：“人多不足以依赖，生存只能靠自己。”独立自强是西点军校对学员情商训练的基本要求。西点的目的是：让学员有意识地培养独立的性格，培养自立自强的品质。

在西点课堂上有这样一个故事。

母狮子故意把小狮子推到深谷，让它从危险中挣扎求生，虽然这种做法太严苛，然而，在这种严格的考验之下，小狮子在以后的生命过程中才不会泄气，在一次又一次继续跌落之后，它又一步步地爬起来，而只有自己从深谷爬起来的时候，它才会体会到“不依靠别人，凭自己的力量前进”的可贵。

狮子的雄壮就是这样养成的。这与西点军校训练学员的过程极其相似，西点军校就是要将学员训练成战场上的狮子。

自立自强是一种很重要的情商素质。生活中，善于驾驭自我命运的人，是最幸福的人。人生当自强，一个永远受制于人、被人奴役的人，享受不到创造之果的甘甜。自强者能傲立于世，能力挫群雄，开拓自己的天地，得到他人的认同。

有一个美国小男孩，父母在生活上对他要求很严格，平时很少给他零花钱。8岁的时候，有一天他想去看电影，可身无分文。他打算自己挣钱，于是调制了一种汽水放在街边，向行人出售。因为正值冬天，没人购买，最后只等到两个顾客——他的爸爸和妈妈，但他仍然不停地寻找机会。

有一次，他为父亲取报纸时，想到了一个主意：为邻居送报纸。这个主意得到了大多数邻居的赞同。于是，每天早晨他把报纸塞到他们的房门下面，报酬是每个月1美元。几个月后，他就赚到了70美元。对于孩子来说，这可不是一个小数目。随后，他早晨送报纸时顺便为邻居倒垃圾，还为别人喂宠物、看房子、给植物浇水，他的月收入也增加了。

一年后，他开始使用父亲的电脑学着写广告，而且开始写下小孩子能够挣钱的全部方法。他不断想出新主意，而且马上实施，这让他很快就有了不少的积蓄。他的母亲还帮他记账，好让他知道什么时候该向谁收钱。后来，他不得不雇用别的孩子为他帮忙，然后把收入的一半付给他们。

一个出版商注意到了他，并说服他写了一本书，书名叫《儿童挣钱的250个主意》。12岁的他成了一名畅销书作家。

后来电视台邀请他参加了许多儿童谈话节目，他在电视里表现得非常自然，受到许多观众的喜爱。15岁时，他有了自己的谈话节目。17岁时，他已经成了百万富翁。

美国小男孩靠自己的力量成了百万富翁，他的经历让人羡慕和惊叹。但倘若他没有独立自强的性格，又何来后面的发展？

在西点军人眼里，一味地依赖他人是懦弱的表现。没有什么比依赖心理更能毁灭一个人了。如果一个人过于依赖他人，将永远坚强不起来。在人生的不同阶段，我们要尽力达到理应达到的自立水平，拥有与之相适应的自立精神。这是青少年立足社会的根本基础，也是形成自身“生存支援系统”的基石。做真正的自己，做有所作为的人是人生的唯一目的。

提升情商箴言

学会控制自己，驾驭自己的命运，规范自己的情感，分配自己的精力，自主地对待求学、就业、择友，这是西点军校情商教育必须达到的效果。

集中精力做好眼前的事

一位西点学员投身商界后，取得了很大成就。于是，有记者问他：“是什么让你取得了今天的成就？”他回答：“不要去攀比，要有自己的长远目标，把眼前的事情做好最重要。只有用自己的学识，把眼前的一件件具体的事情做好，才能聚沙成塔、集腋成裘，成就更大的功业。”

经常听到有人抱怨，抱怨找不到合适的工作，抱怨自己的才华无法施展，抱怨不被领导重视，抱怨得不到发展机会，等等。这时候，我们应该自问一句：“做好眼前的事了吗？”如果没有，就要立刻冷静思考，尝试着改变自己。

青少年要始终懂得一点，任何大事、实事都是从眼前事开始的。做大事难，做眼前事也难，把眼前事做好更难。正是有了踏踏实实做眼前事的品质，当人们纷纷转向更好的职位、更赚钱的职业时，你才能在自己的领域内专心修炼内功，从而在某个时刻一鸣惊人，成为该领域内的专家。

好高骛远，是人的通病。如果不克服这个短板，就无法迈出坚实的一步，也无法在成长的道路上阔步向前。人们无法集中精力做好眼前的事情，其实是缺乏专注的精神。在学习上、在工作中专注地做事，个人才能获得成长的机会。

人们习惯对明天充满更多期待，想象未来美好的日子。不过，如果不能从当下体验到生活的乐趣，无法投入应有的热情，必然在虚度光阴中感觉到生活的乏味，增加许多不必要的焦虑和压力。只有集中精力做好眼前的事，才会更有作为。

杰森是一个从事推销业务的新人，每天忙忙碌碌，很辛苦。这还不算什么，他最担心的是业绩不佳，那会有被辞退的危险。

有一次，他和培训师探讨如何寻找工作的意义，怎样实现苦中作乐。培训师没有直接回答，而是反问道："人生有生存、生活、生命三个层次，你觉得自己活在哪个层次比较多？"

他想了想，有点忧郁地说："在家里，我就是吃饭、睡觉、看电视，好像多半处于'生存'的层次；和同事能多聊一会儿，应该'生活'层次多一点；'生命'层次是什么？我不太懂。"

培训师又问："当孩子从外面回家，通常你会怎么做？"杰森淡淡地说："我会说：'回来了。'或者看他一眼，然后继续看电视，做自己的事情。"听到这里，培训师给出了答案："你现在已经没有心情顾及亲情、生活乐趣这些东西了，养家糊口成了你生活的全部内容。虽然跟家人在一起，却不能分享时光的快乐，少了生活的情趣，对生命的领悟也没有，却为明天如何做好推销发愁，这就是你感觉不到快乐的原因。"

"噢！"他恍然大悟，"明白了，我只停留在'生存'层次的'赚钱'目的上，并且总是为明天担忧，结果不能专心做好眼前的事，所以感觉很累。"

培训师点点头："是啊，你顾虑太多，患得患失，所以与客户交往时，不能全身心投入，交谈起来就会感觉很困难，压力也就自然地产生了。还有，回到家里，本来可以彻底放松一下，但是你也为明天的工作担忧，反而忽略了与家人分享生活快乐的时间，因此感觉越来越累。"

后来，杰森上班的时候专心做事，每天都让自己进步一点点，压力反而小了；下班后，节假日，他和家人在一起用餐、谈心，感受到的是人生的乐趣。

任何时候，专注赢得胜利，集中于眼前的事情，把简单的事情做到位就是不简单。着眼于当下，我们应注意做好以下几件事情：

第一，做好眼前事，首先不能有攀比的心态。在青少年中间，攀比的现象并不鲜见。诸如，没出国的跟出了国的比，薪水低的跟薪水高的比。结果，越比越不平衡，越比越不服气，进而把自己的目标定得高了又高，直到超出了自己的实际能力，最后无心做好眼前的事情。

第二，把眼前的所有事都作为大事。有些人不屑于做眼前事，总以为眼前事是小事，是琐碎的事，是无所谓的事。总感觉自己应该是干大事的人，自己该成就一番大事业。实际上，任何一番大事业都是由小事组成的，没有小事的积累便不会有大事的成功。只有默默无闻地积累，才能达到厚积薄发的目的。

第三，始终重视团队的力量。做任何事情都必须依靠团队的力量，单枪匹马的力量是有限的。因此，凡事不能过分地看重自己、高估自己，认为什么事都是自己比别人做得好。在社会协作分工越来越细的今天，少了别人的参与，依靠单打独斗，任何一番大事业都难于成功。

眼前的事就是最重要的事情，就是立即应该做的事情。西点军人在遇到各种繁杂的事务时，都能够毫不推卸地自己完成，他们首先会分清事情的轻重缓急，然后逐一完成。

提升情商箴言

青少年有胸怀远大的理想值得称赞，但不应由此而脱离实际，把目标和做事都过于理想化。因此，想成就一番功业，必须求真务实、脚踏实地，坚韧不拔地做好当下。

在逆境中寻找成功的契机

西点在对新学员进行训练时，会首先假想新学员中普遍存在的对逆境的恐惧心理。但是教官们没有让这些刚入校的青少年平静下来，而是想尽办法来加剧他们的焦虑。因为只有加重这种焦虑感才能让这些青少年找到理性度过逆境的方法。例如，刚刚踏入训练营的新学员大都有些爱冒险，有些冒失，而且生活经验并不足以让他们自如地应对训练中的各种阻碍和恐惧。所以，他们必须事先体验逆境带给人的磨练，并学会在一个个的逆境中实现镇定自若的自我修炼。

西点人非常清楚，每个人的成长与成功都与所处的环境有着密不可分的关系。顺境可以促进一个人的成功，逆境可以阻碍一个人的成功，但是，“逆境”与“成功”并不是一组绝对的反义词，当我们身处逆境中，成功也并非是遥不可及的。当我们身处失败的逆境中，更应该懂得好好利用这段时间和经历，远离浮躁，客观冷静地寻找自己真正的“发光点”，或及时调转前行的方向，然后继续不断地完善自己，加快脚步，突破重重阻碍，这样，成功就离我们不远了。

所以，西点人始终谨记：无论做什么事情，速度和时机问题不把握好，是很难取得成功的。尤其在变幻莫测的战争中，形势的转变往往发生在短短的几分钟之内。

一位西点教员曾经说过：“我们不需比敌人快很多，也许只需一分钟。但是，早一分钟，我们就具有了优势。”这就是西点所倡导的速度法则。速度法则不仅仅强调效率，更强调机遇。在西点军校，每个学员都知道，时机是作战的关键因素，也是各种战略战术成功实现的保证。历史无数次地证明了，取得战争胜利的真正原因，或许仅仅是比敌人早到目的地几分钟，或者仅仅是在逆境中抓住了一个微小的机会，从而逆转了形势。因此，抓住最有力的时机，在第一时间将事情办好，即使身处逆境也不忘寻找机遇，是西点人交给我们的战斗法则。

机遇是可遇不可求的，是难得而宝贵的资源。抓住了机遇，就抓住了取得胜利的主动权；错过了机遇，胜利就会与你擦肩而过。然而，要抓住机遇，就要保证速度；机遇也是在速度中产生的。

在竞争激烈的社会生存环境下，要想立于不败之地，成为所处领域最卓越的一员，就更加需要奉行西点军校的“第一时间”的机遇法则和理念。如果你总是自作聪明，拖延时间，那么你的下场就像下面这位部门文员一样。

法国一家电力公司的部门经理准备赴海外公干，且需要在一个国际性的商务会议上发表演说。他身边的几名文员为了准备会议资料，早已忙得晕头转向。在这位部门经理远赴海外之际，有人问其中的一名文员杜兰德：“你负责的文件准备好了吗？”杜兰德答道：“我负责的文件是用英文撰写的，经理看不懂英文，在飞机上不可能复读一遍。所以等他登机后，我再回到公司把文件打印好电传给经理就行了。”

没过一会儿，经理就来到了办公室，问杜兰德：“你负责准备的那份文件和数据呢？”杜兰德依然按照自己的想法回答了经理。经理听后脸色大变：“怎么会这样？我已计划好利用在飞机上的时间，与大家一起好好研究一下报告，别白白浪费坐飞机的时间好吗？”

杜兰德的自作主张和做事拖延滞后的毛病使得他丢掉了工作，不得不说，这正是他不懂得把握效率和机会的缺陷所致。

任何时候，我们都不要像这位文员那样自作聪明。那些成功的人，无论面临多么困难和繁琐的工作，都会想尽办法，在第一时间，抓住最有力的时机来完成任务。对于西点军人来说，效率和机遇就是生命，这才是我们应该牢记和学习的精神。青少年在进入社会后肯定会遇到各种意想不到的处境，当你遭遇人生的低谷和命运的捉弄时，千万不可轻言放弃，要知道，逆境中也有机遇，绝望中也潜伏着希望。当你懂得在黑暗中寻找希望的出口，寻找扭转局面的机会时，你就会渐渐地脱离逆境，接近成功。

提升情商箴言

人生的道路，正如一条无法预测的曲线，都会经历高低起伏的，我们必须学会在逆境中寻找到属于我们自己的成功与快乐，真正体会到逆境也是一种财富，逆境也埋隐藏着机遇！

第09课

好心态赢得整个世界

马斯洛说："心态若改变，态度跟着改变；态度改变，习惯跟着改变；习惯改变，性格跟着改变；性格改变，人生就跟着改变。青少年若拥有一个好的心态，无论对待何事总能保持内心充满乐观开朗的情感，那么就可以像西点军人一样赢得荣誉、掌声、财富，甚至整个世界。

乐观让一切变得容易

西点学子莱顿说："西点学员会把真挚、乐观的精神和不屈不饶的毅力当作走向成功的基石。因此，无论将来他们所从事的是什么职业，都会用全部的热忱去努力。"乐观是西点军校对学员大力培养的一种情商素质。每当西点新学员在训练中遇到挫折或失败的时候，长官不会允许他们消极地寻找借口为自己开脱，而是命令他们勇敢地面对。

在接受了西点情商教育之后，很多人具备了乐观的心态。"快乐的阿诺德"就是其中一位。

亨利·哈里·阿诺德1903年考入西点军校，4年之后以优异的成绩毕业，当时他选择了远渡重洋到菲律宾服役。20世纪初，美国的莱特兄弟发明飞机并试飞成功，这对美国的航空事业是一个极大的推动。1911年，从小便对飞机非常感兴趣的阿诺德自愿报名去俄亥俄州的代顿，慕名前往向莱特兄弟处学习飞行。经过刻苦的学习之后，他掌握了关于飞行的一些基本知识，并积累了3小时48分钟的飞行经验，成为美国陆军的首批飞行员之一。令人佩服的是，他在第二年就创造出飞行高度6540英尺的世界纪录，并获得1枚胜利勋章。

不过，他后来因为一次偶然的飞行事故而被停飞4年，之后被再次派往驻菲律宾步兵部队服役，这对阿诺德无疑是个沉重的打击，让他闷闷不乐。然而在菲律宾，阿诺德不断地调节自己的情绪，渐渐走出了消极悲观的阴影。

1916年，因为在飞行事业上曾经取得的成就，回国后的阿诺德被再次转入飞行部队，并晋升为上尉。

第一次世界大战中，阿诺德受命在巴拿马指挥一支飞行部队，后来赴华盛顿的陆军航空兵总部任职，1921年晋升为少校，从此以后便在美国的航空事业上不断崭露头角。

阿诺德有个广为人知的绰号“快乐的阿诺德”。他性格外向，活波开朗，笑口常开，积极乐观，深得部下和同事的喜爱。在美国参谋长联席会议中，阿诺德与成天板着面孔的海军作战部长金形成鲜明的对比。

阿诺德一直致力于提高军用飞机的生产能力和飞行员的训练水平，负责陆军航空兵的编组、训练和指挥，为美国建立独立的空军奠定了基拙，被称为“美国现代空军之父”，阿诺德之所以取得这样的人生成就，与西点军校的情商教育不无关系。

西点人认为，乐观是强者的通行证，悲观是弱者的墓志铭。悲观或者乐观，坚强或者懦弱，前进还是退却，依赖还是自立，全在于是否乐观。

心态积极、热情乐观的人对人对事，总能看到最好的一面，这就是高情商的表现。乐观心态与情商有着密切的关系。一般而言，情商高的人往往有着乐观的心态；而那些情商低的人，一旦遭遇挫折，就会陷入消极悲观的情绪当中。

一位银行家，在他51岁的时候，所拥有的财富已经高达数百万美元。52岁的时候，他失去了所有的财富，而且背上了一大堆债务。但是他发誓要东山再起，不久他又积累了巨额的财富。

有人问银行家是如何东山再起的，银行家回答说：“很简单，那是因为我从来没有改变从父母身上继承下来的天性。从我早期谋生开始，我就认为要以乐观的心态看待事物，永远不要在阴影的笼罩下生活。我总是有理由让自己相信，实际的情况比设想的要好得多。我相信我们的社会到处都是财富，只要去工作就一定会发现财富、获得财富，这就是我成功的秘密。”

西点军校人的心里永远充满着阳光。他们面对责任时，不会把自己宝贵的精力浪费在无谓的苦闷上。相反，他们会坚毅地勇往直前，在完成人生目标的道路上，不断收获、不断进取。

青少年可以从两个方面来看待生活：积极、灿烂的一面，消极、阴郁的一面。我们可以借助意志的力量来做出这一选择，培养出乐观、积极的生活态度。要时刻鼓励自己，用乐观的眼光而不是悲观的态度，来看待生活中和周围的一切事物。

提升情商箴言

情商教育专家指出：虽然一个人乐观的心态多半是与生俱来的气质，但是它也可以像其他习惯一样，慢慢锻炼、培养起来。生活可以是丰富多彩的，也可以是消极落魄的，这主要取决于从生活中体会到的是快乐还是磨难。

要有从零开始的勇气

西点军校要求学员具备“一切从零开始”的心态。凡是进入西点军校的学员，一律会被平等对待。学员过去的成绩与辉煌，在西点军校只代表过去。对此，戴夫·麦考梅克回忆说：“西点军校是一个特别能打压骄傲的地方。我来自一个小镇，在那里我是一个优等生，而且还是一个运动队的领袖。但是到了西点军校后，我发现，同学中60%的人曾是运动队的核心，20%的人在以前的学校是尖子生。昨天你还是一个地方的明星，今天你就只是众多强者中微不足道的一个。”西点军校对新学员而言，是一个新的开始，每个学员都必须具备适应新环境的能力。

著名的“二战”名将巴顿就在西点军校经历了“一切从零开始”的心路历程。

1904年6月，巴顿步入了梦寐以求的西点军校，但他的勃勃雄心在入学不久就受到了严峻的考验。由于在文化知识方面基础不扎实，他学习起来非常吃力，成绩落后同学一大截。这令巴顿烦躁不安，他惶惑、恐惧，甚至说自己是“一个平凡、懒惰、愚笨而又雄心勃勃的幻想家”。再这样下去，前途无望，如何面对父母和家族的期待？巴顿陷入了深深的焦虑之中。

不但如此，巴顿还严重偏科。他只看重军事科目，尤其偏爱战术理论和队列训练，战术系的教员们十分赞赏巴顿的独到见解，认为他具有超常的军事天赋。巴顿对于队列训练的爱好更是达到痴迷的程度，他的队列动作漂亮、利落，在全班出尽了风头，可是巴顿的数学成绩却是倒数第一。尽管好友劝他挤出队列训练的时间多看看数学书，但巴顿置之不理。

第一学年结束时，西点军校决定让巴顿留级。这就意味着他要重新上一年级，重新经历一次“兽营”训练，重新挑战高年级学员的百般“刁难”。巴顿原来当下士学员的计划破灭了。但他很快调整了自己，他想：一切从零开始并不一定就是坏事。巴顿又重新振作起来。

在家庭教师的辅导下，巴顿利用一个暑期系统地掌握了全部功课。他告诫自己：“重新开始需要勇气，要始终不渝地竭尽全力。”新的一年级生活又开始了，巴顿成熟了许多，他以火一般的热情和崭新的精神面貌，脚踏实地地去争取自己的成绩并获得了成功和荣誉。

升入二年级后，巴顿崭露头角，成为全校的人物，他成了运动场上一名冲锋陷阵的勇士，而且他没有荒废学业，各科成绩都很优秀。

勤奋和勇敢使巴顿获得了巨大成功，他逐一实现了自己的目标——队列训练名列榜首，几次刷新运动项目纪录，四年级时被任命为副官……

如果没有一年级的“一切从零开始”的勇气和心态，或许巴顿会被西点军校淘汰，从此与军旅无缘。

生活中很多人都怀有梦想，梦想有一天能够成功。可是，只有经过了反复的失败和思考，才会最终获得成功。历史上但凡有所成就之人，都非常善于从失败中吸取教训。

1914年12月，爱迪生的实验室燃起大火。那个晚上，爱迪生一生的心血和成果就在熊熊大火中化为了灰烬。大火烧得最凶猛的时候，爱迪生24岁的儿子查里斯在浓烟和废墟中发疯似地寻找着父亲。最后，他见爱迪生平静地看着火势，他的脸在火光摇曳中闪亮，他的白发在寒风中飘动着。

那时候，爱迪生已不再年轻，他已经67岁了。在这样的年纪遇到这样的打击，一般人是承受不了的。所以，人们以为爱迪生会被这场灾难击垮。但是大火后的第二天早上，爱迪生看着一片废墟说：“灾难自有它的价值。瞧，我们以前所有的谬误、过失都被大火烧得一干二净。感谢上帝，这下我们又可以一切从零开始了。”

大火并没有烧掉爱迪生的发明热情，火灾刚过去三个星期，爱迪生就开始着手推出他的第一部留声机。然而这只是爱迪生发明创造的新的开始。在接下来的十几年中，一项又一项发明在他手中诞生，除了在留声机、电灯、电话、电报、电影等方面的发明和贡献以外，他在矿业、建筑业、化工等领域也有不少著名的创造和真知灼见。

在实现梦想的道路上，一个面对困难仍然满怀信念、充满勇气的人，一定能够重新开始，就如同爱迪生一样，能够在一场大火之后，很快就让世界上第一部留声机问世。同样面对挫折，你是否也能够微笑应对呢？可以说爱迪生懂得坚持，而且他有足够的勇气和聪明。但在诸多要素中，我们不能忽略最为重要的一项，那就是失败带给爱迪生的触动并使其奋发。正是失败，让爱迪生意识到自己的不足；正是失败，给了爱迪生想证明自己的动力；也正是失败，让爱迪生有了获得成功的渴望，所以最终爱迪生真的获得了成功。

在现实生活中，成功并不是失败的简单累积，而是对失败的一种总结与超越。假如认识不到这一点，就会走进“失败越多离成功越近”误区。所以，青少年要对失败有一个更加清楚的认识，弄清楚失败的原因何在，是哪个环节出现了问题，还是一开始整个方向就出现了问题？经过仔细、反复的思量，从中汲取有益的东西，应用到今后的工作和学习当中，避免犯同样的错误，取得最后的成功。

提升情商箴言

我们常说，失败是成功之母，这与“一切从零开始”的心态是相同的。对此，美国考皮尔公司前总裁比伦说：“失败也是一种机会，若是你在一年中不曾有过失败的记载，你就未曾勇于尝试各种应该把握的机会。”

开启自信乐观的正能量

注重对学员心理素质的培养，是西点军校孜孜以求的目标。乐观、自信、坚强是所有学员努力的方向，凡是从西点军校出来的人，大都成了社会上赫赫有名的大人物，这离不开学校开启学员自信乐观的正能量，从而让每个人在自己的人生中大放异彩。

乐观、自信、坚强的人能得到他人信任，这样的人不会沮丧，永远充满朝气，干任何事情都劲头十足。从西点军人身上，我们看到，要做到乐观自信并不难，只要平时敢于肯定自己的优点，遇到困难或挫折时，以积极的心态尽快找出解决的办法，切忌自怨自艾。

士兵走上战场，要面对许多不确定性。这时候，自信就成为一种可贵的品质，它帮助士兵勇敢面对挑战、解决各种难题，是获取成功的催化剂。而一个自卑的人会怀疑、否定自己的能力，是一种自弃生命的做法。坚强、乐观的人更容易梦想成真，因为他有自信精神。

弗洛伦丝·查德威克是世界著名游泳健将，曾经创造了横渡过英吉利海峡的记录。1952年，她决定从卡德林那岛游向加利福尼亚海滩，从而实现自我超越。然而这个努力一波三折，弗洛伦丝的第一次向目标冲击时就遭遇了失败。

当时，弗洛伦丝已经靠近加利福尼亚海岸，但是在海水里泡了16个小时的她已经嘴唇冻得发紫，全身更是不停地颤抖。特别是前方还出现了茫茫雾霭，弗洛伦丝很难辨认方向，最后她向跟随自己的小艇求救，要求放弃这次行动。尽管大家鼓励她不要向失败低头，但是弗洛伦丝还是放弃了最后一英里的距离。

事后，弗洛伦丝认为是大雾导致了她的不自信，最后阻止了她最后的胜利。她甚至认为，如果自己看到了陆地，一定能够坚持游到终点。有了第一次失败的教训，弗洛伦丝意识到自信的重要性，一个人只要内心不迷惑、始终充满自信，外在的力量是无法挫败我们的。几个月后，弗洛伦丝再次尝试游向加利福尼亚海岸，尽管浓雾依然存在、海水依然冰凉刺骨，但是她在信念的引导下获得了成功，实现了自己的夙愿。

在《哈得逊周刊》的成功箴言版里，毕业于西点的史迪威将军这样说："我打了那么多次胜仗，其实说起来毫无秘密，因为我总能看到希望。"的确，自信是成功的一半。有自信的人能够化险为夷。

相信自己能够成功，这是青少年获得突破、创造奇迹的法宝。在个人成长的道路上，具备自信的心态是迈向成功的第一步。开启自信乐观的正能量，一个人就能成为他所希望的，收获满意人生。

工作中，经常听到有些人这样说："对于工作我已经尽了力，我尝试了多次，可就是不见成效。"尽管他尝试的很多，却都是在觉得事情已经没有希望时放弃了再尝试的念头。缺乏自信的人在工作中表现为遇到困难时，只会停下工作，知难而退，而不会去考虑是否有别的可行办法。

通常，这类人因害怕自己的见解被别人认为浅显无知，每次开会的时候都悄悄地坐在一个角落里，任凭其它人争来论去，而他们只是默默地听着。会上，很多人的论点存在明显不足，按他们的办法去实施，肯定行不通。但这类人却坚持三缄其口，深藏不露。每当上司发现角落里的人，向他们征询意见时，这类人总是唯唯诺诺，表示同意大家的看法。在上司面前，这样就是主动放弃了表现自己的机会，而上司还会认为他没有把公司的利益放在心上。

每个人都有无限潜能。如果你意识到自己具备某种能力，却由于环境所迫，屡遭受挫折后一蹶不振也不会成功。然而，在西点军校，很多学员面对失败从不沮丧，抱着不屈不挠的无畏精神，向前奋进，最终获得成功的例子不胜枚举。

在所有西点军人中，即使是受到挫折打击很大的人，也不会像我们一样会有一种“再也没有力气去折腾了”的感觉，因为他们非常自信，相信自己一定可以重振旗鼓，获得成功，这就是自信乐观品性培养的结果。

青少年应该多经受风雨，并且无论遇到多大的困难，都不要让消极的思想侵蚀你的灵魂。向勇敢、自信的西点军人学习，相信自己一定可以在事业中赢得胜利，要有一种强烈求胜的欲望，而这种欲望则是走向成功的第一步。在经受风雨的时候，请带着西点军人的乐观、自信和坚强上路，开启一段奋斗的旅程吧。古往今来，那些伟大的成功者都是凭着超人的自信创造了丰功伟绩，改变了历史。

提升情商箴言

远离自卑、拥有自信，是迈向成功的良好品质。尤其是对青少年来说，请牢记一点：奋力向前，哪怕时运不济，哪怕天崩地裂；永不绝望。

征服人心的最佳武器是宽容

西点军校是一所培养军事人才的著名学府，但它却这样教导学员：征服人心不靠武力，而是靠宽容和大度。

世界上最宽阔的是海洋，比海洋宽阔的是天空，比天空更宽阔的是人的胸怀。西点军校要求每一个学员都具备广阔的胸襟，因为他们必须承担比平常人更多的职责和义务。

在西点人眼里，大度是一种气度。大度不是懦弱，更不是无奈的选择。在短暂的人生中，学会宽容他人，能为生活增添更多的快乐，使人生更有意义。正因为有了宽容，西点精英们才会受到人们的尊重和喜爱。

1154年，华盛顿率部下驻防亚历山大，为弗吉尼亚州的议会选举保驾护航。有一个名叫威康·佩恩的人反对华盛顿所支持的候选人。有一次在公开场合，华盛顿与佩恩就选举问题展开了激烈争论，并说了一些冒犯佩恩的话。佩恩火冒三丈，一拳将华盛顿打倒在地。华盛顿的部下跑上来要教训佩恩，华盛顿急忙制止了他们，并劝说他们离开那里。

第二天一早，华盛顿就托人带给佩恩一张便条，约他到一家小酒馆见面。佩恩以为必有一场决斗，于是做好准备后赶到酒馆，令他惊讶的是，等候他的不是手枪而是美酒。

华盛顿站起身，伸出手迎接他。华盛顿说："佩恩先生，昨天确实是我不对，我不可以那样说，不过你已经采取行动挽回了面子，如果你认为事情到此可以解决的话，请握住我的手，让我们交个朋友。"从此以后，佩恩成为华盛顿的一个狂热支持者。

华盛顿用宽容把敌人变成了朋友。由此可见，拥有一份宽容之心，人生道路会更加顺畅。宽容是化解冲突的最佳武器，宽容能融化世上最冷酷的心。任何人在宽容面前都会缴械投降。

飞人乔丹是NBA历史上最伟大的篮球运动员，一方面由于他球技过人，曾经创造过多项NBA纪录，而且至今无人打破；另一方面则得益于他过人的气度、胸襟，以及勇于面对自己的缺点和不足的品质。

当时，公牛队中最有希望超越他的球员是皮蓬。皮蓬年轻气盛，好胜心极强。在乔丹面前，皮蓬常常流露出不屑一顾的神情，还煞费苦心地寻找乔丹的弱点，并扬言自己一定会把乔丹击败。但乔丹却从来没有把皮蓬当作潜在威胁，更没有因此而排挤他，相反他经常对皮蓬加以鼓励，经常找出自己的缺点，努力完善自己。

有一次休息时，乔丹问皮蓬：“你觉得咱俩的三分球谁投得更好一些？”皮蓬听了很不高兴，阴阳怪气地说：“你这是明知故问，当然是你！”因为当时统计数据显示，乔丹的三分球命中率是28.6%。皮蓬的三分球命中率则是26.4%。

看着生气的皮蓬，乔丹微笑着纠正说：“不，皮蓬，你投得更好一些。你的动作规范、流畅，你很有天赋，以后会投得更好。我投三分球时还有很多弱点，我扣篮主要用右手，而且会习惯性地用左手帮一下忙；可是你左右手扣得都很棒，而且不用另一只手帮忙。所以，你的进步空间比我更大！”

乔丹的宽容让皮蓬大为感动，此后改变了自己对乔丹的看法，更多地以一种尊敬的态度向乔丹学习。从此，两人都有了不同程度的提高，他们的配合也越来越默契，为公牛队创造了辉煌的业绩。

宽容不是软弱无能，而是一种智慧、一种胸怀，它能够启迪感化别人。如果每一个人都能宽容别人，世界上就会少许多纠纷。

青少年朋友要学会宽容，可以从以下两方面入手。第一，扩大个人交际面。独处固然有独处的妙处，但是人毕竟是一种群体动物，只有在集体生活中才能寻得真正的人生乐趣。所以，在平日里，应该与外界多交流、多沟通，这样心胸才会越来越宽广。个人的交际面扩大了之后，才能更进一步去了解他人，从而从自己狭隘的圈子中走出来。第二，增长个人知识。每个人的心胸与个人修养有着极其密切的关系。

提升情商箴言

一个人只有学到了更多的知识，立足点才会更高，眼界才会更开阔。这样，对于生活中的小事才不会斤斤计较，而是非常理智地处理人际关系。

感谢对你“围追堵截”的人

军人注定要面对敌人，双方是生死之战，没有退路可讲。但是在西点军校，仅仅把敌人看做对手还远远不够。每个学员不但要想办法击败敌人，还要对敌人有一颗感恩的心。这是怎么回事呢?

从辩证的角度来看，没有敌人的存在，那么“我”也就失去了意义。可以说，双方是对立存在的。对待敌人，必须了解它、研究它，最后才可能战胜它。

从另一个角度来看，所谓的敌人也包括无所不在的竞争对手，包括你的客户、同事、上司，等等。对待这些人，完全采取敌对态度并不妥，因为双方的关系是在合作中斗争，在斗争中合作。所以，拥有感恩的心态就很有必要了。

拳王阿里一度称霸拳坛多年，在他的回忆文章中，记载了许多感人至深的故事。有一次，几位曾经被他击败的年轻选手，赛后找到阿里，请教如何出好勾拳。在常人看来，把技术告诉竞争对手，这是不可能的事情。但是，阿里退掉了已经订好的飞机票，手把手地教给了对手。更令人惊奇的是，他还把如何才能打败自己的拳法教给了对手。

对此，许多人感到不理解。事后，阿里在回答记者的提问时说：“谁若能战胜我，那就说明拳击事业已经发展了。这是我终身不变的追求——发展拳击事业。”阿里无疑获得了人们的赞美，在这些赞美之中，最珍贵的就是他的对手所给予的。

在西方这个竞争的社会，人们面对竞争者，不仅不嫉妒和报复对手，而且会直接问对手：“我很想赶上和超过你，和你一样有成就，请你告诉我成功的秘诀。”因为他们相信，竞争是激活社会肌体的活跃细胞，它可以带来进步的活力，使胜利者继续前进，失败者奋起直追，对强者是鼓励，对弱者是鞭策，其结果是大家获得共同的发展。

生活中的竞争无处不在。许多人习惯把竞争对手视为敌人，企盼“将敌人一扫而光”，这是一种不健康的心理。事实上，竞争对手是我们人生路上最好的伙伴。因为，少了竞争，就没有成功。不竞争、国家不会富强；不竞争，企业不会成长；不竞争，个人不可能进步。

可以说，竞争对手是我们的导师，它教会你做人、做事、做生意的决窍。当竞争对手处心积虑地思考如何战胜你时，你不同样也在处心积虑地想办法如何战胜他们。这样一来，你便知道自己该如何去做，如何去争，如何借助智慧和实力进步、前进。

韩国“现代”之父郑周永说：没有人天生愿意接受“围追堵截”，但当这些苦难来临时，你必须要接受。你要知道，如果你能走出来，别人的“围追堵截”就是上天对你的一种恩赐。

我们知道，很多新人会经历着种种磨难，遭受种种挫折和打击，这的确是一种不幸。可是，人们会惊奇地发现，无数杰出的人物都是从别人的“围追堵截”中走出来的，正是这种人为的困难成就了他们，这些苦难对于他们来说，是上天的一种恩赐。

所以，对于那些对你“围追堵截”的人，要抱着一种感谢的心态，要主动适应，主动突围，而绝不能报复。

成功人士的竞争哲学是：宁失利益，不失关系。哪怕这个关系仅仅是维持和平共处的关系，因为钱失去再多也能挣回来，而一个关系一旦缺失就很难弥补，这样一个破裂、结怨的关系就如同一把宝剑悬在头顶，其不经意地一击就可能把你所拥有的一切都断送掉。

那么怎样对待那些故意跟你为难的人，包括你的仇人呢？八个字："以德报怨，化敌为友"。以德报怨，并不是说可以任人欺哄，任人宰割，高明的做法是，智谋与道义两全，巧妙地征服对你使手段的人，既让他们对你心悦诚服，又保证自己的利益不受损害。

以德报怨，化敌为友是避免别人伤害所能采用的上策。这样，你就很容易把对手变成朋友。因为以恨对恨，恨永远存在；以爱对恨，恨自然消失。

罗斯福说："当众拥抱你的敌人。"因为，竞争对手让你拥有了你以前所没拥有的一切，学到了以前你没有学到的东西。感谢竞争对手的存在，至少可以为你带来以下几点好处：

第一，促使你更深入地了解敌人的不足，学习敌人的长处。爱自己的敌人，才能注意它的每个细节。那种不愿与敌人进行接触的做法，是永远无法做到"知彼"的，而不能"知彼"，当然也无法战胜对方。

第二，使你心平气和，远离愤怒带来的决策失误。一个人在愤恨交加的时刻，很难想出什么奇谋良策。感谢竞争对手，就没有了仇恨，这既有利于身心健康，更有利于想方设法战胜敌人，避免自己乱了阵脚。

第三，让你获得一个得人心的好名声。"得道多助，失道寡助"，如果别人知道你连自己的敌人都"爱"的话，那么，大家都会认为你是一个心胸豁达、宽宏大量的人，愿意在你的领导下成事。

人在社会上生存，面临最多的是选择。青少年必须根据自己所处的环境，加以思考做决定。

提升情商箴言

青少年必须摒弃固执，收敛个性，灵活、通融地接触来自各个方面的碰撞，其中也包括感谢你的敌人。

第10课

荣誉是卓越人生的终点

在是非、善恶面前，有羞耻感，是一种个人荣誉；个人要服从集体，集体要服从团队，是一种荣誉；有强烈的主人翁意识，全心投入到工作中去，积极奉献，也是一种荣誉。在这个世界上，青少年注定要承担更多的责任，担当更大的使命。因此，追求个人荣誉，有清晰的奋斗目标，显得尤为重要。

不可冒犯的西点荣誉准则

“荣誉原则”是西点军校22条军规之一。西点军校从建校之初，就着手制订了《荣誉准则》和《荣誉制度》，并专门成立了执行与监督机构—学员荣誉委员会，从而形成了西点军校独特的荣誉体系。荣誉准则的基本内容是；“每个学员绝不说谎、欺骗或者偷窃，也绝不容忍此类行为的发生。”

关于不说谎，在西点军校1985年颁布的文件中，有着明确的规定。学员的每句话都应当是确切无疑的，他们的口头或书面陈述必须保持真实性。故意欺骗或哄骗的口头或书面陈述，都是违背“荣誉准则”的。信誉与诚实紧密相关，学员必须赢得信誉，而只有通过准确无误的口头或书面陈述才能赢得荣誉。西点学员不仅要对自己的行为负责，也要对别人的行为负责。所以，学员要经常以口头或书面陈述的方式，来表明他履行各种义务的情况，以供学校考核。

无论是口头报告还是书面报告，都必须是最完整、最准确的正式陈述。学员们必须保证报告在呈递前后的准确性。在列队报告时，组织者只有确认缺席学员是得到了批准，才能认为该学员的缺席有正当的理由。

如果报告上交了，后来又发现其中有不准确之处，提交人务必尽早上交新的报告进行修正。

荣誉原则第二个规定是不欺骗。在西点军校，如果学员为了自身利益而采取欺骗行为或帮助别人这样做，以期获得不正当的利益，就是违反了荣誉准则。西点军校明确规定，欺骗行为包括：盗窃，即不加说明地引用别人的观点、别人的话、别人的材料或工作，将其占为己有；不正当表现，如在作业的准备、修改或校对中得到别人帮助而不加以说明或使用未经允许的笔记，等等。

比如，学员上交的作业、论文、报告与设计，必须清楚、明确地注明哪些部分不是自己独立完成的，特别要明确指出材料的全部来源与各种接受援助的方式。受其启发而产生新的思路或观点的材料，学员也必须加以说明。若没做这方面的说明，就属于欺骗行为，将会受到惩罚。而在修改、编辑、改正、校对以及检查作业等方面得到别人的帮助，可使作业达到较高的标准，因此西点军校鼓励学员在作业准备过程中寻求别人的帮助。但同时，西点军校还非常注重学员的独立性，学员不应过分依赖别人的帮助，因为作业必须反映学员独立思考的程度。

荣誉原则的第三点是不偷窃。西点军校是这样规定的：学员从物主或其他人那里通过各种手段非法地拿到、得到或者留用他人钱物以及任何有价值的东西，而且蓄意长久地据为己有或给第三方使用，均被视为偷窃行为。

军营的生活环境和学员彼此间形成的信誉，是学员一生中不可改变的两个方面。荣誉准则和制度培养了友谊与责任，保证了在严密的军营中，学员不用担心自己的财产被偷走。学员在借用他人东西之前，必须得到主人的同意。如果没有及时归还物品，将被视为偷窃行为，并给予处罚。

西点军校的图书馆对所有学员开放，但是不允许学员利用这个方便滥用资料。非法地把材料拿走，把期刊中的书页撕下，将参考材料有意放错地方，打算以后再找机会归档，这些行为都是恶劣的。因为这样做会影响其他学员对这些资料的使用，或减少了其他学员借助这些材料学习与研究的机会。所以，这些行为属于偷窃行为。

面对如此严格的荣誉制度，学员们不得不严格要求自己。但也不排除个别现象，不负责任、不尊重他人财产的行为也时有发生。如果不经允许而拿走别人的东西，又没有在适当场合以适当方式物归原主，那么这位学员就滥用了别人对他的信任，就违反了荣誉准则。

经历两百多年的发展，西点军校逐步建立起了一套堪称完美的荣誉规章制度，其内容可谓包罗万象，详尽完备，广泛涉及学员生活的各个方面。在西点军校，荣誉制度比纪律规定更受重视，其处罚力度比纪律制度更大。

荣誉制度让西点军校获得了广泛的赞誉。一位商界精英曾评价道："美国的500强大企业教人以伦理，而西点教人以品德。"西点学子菲尔将军说："在西点军校，荣誉制度是十分重要的。我认为，这一荣誉制度是西点军校不同于其他学校的关键所在。我非常珍惜这一制度，如果我们去掉它，我宁愿从后备军官训练团和候补军官学校接收陆军军官，而把西点军校忘掉。这就是荣誉制度对西点军校的重要性。"

提升情商箴言

作为西点军校的情商教育目标，荣誉原则被提到了最高位置。西点军校的教官指出：责任和荣誉是军事职业伦理观的基本要素，它指导着毕业生努力报效国家。

将团队荣誉永记于心

自从1802年创建以来，西点军校已经有200多年的历史了。它之所以充满活力、永葆青春，并持续得到世人的关注，一个很重要的原因就是它坚持把“荣誉教育”贯穿始终。无论西点怎样发展，西点人都铭记他们的校训：责任、荣誉、国家。

1962年5月2日，麦克阿瑟将军在西点军校发表了一篇激动人心的演讲，标题就是以校训命名的。他在演讲中说：“今天早晨，我走出旅馆的时候，看门人问道：‘将军，您上哪儿去？’一听说我到西点时，他说：‘那是一个好地方，您从前去过吗？’这样的荣誉是没有人不深受感动的。长期以来，我从事这个职业，我又如此热爱这个民族，我无法用语言来表达我的感情。然而，这种奖赏主要的并非着重推崇个人，而是表现一个伟大的道德情操——捍卫这块可爱的土地上的文化与古老传统的那些人的行为与品质的准则……”

在麦克阿瑟看来，美国军人要坚持一种道德标准——热爱自己的国家，树立崇高的理想，唤起自豪感，并为之奋斗。“责任—荣誉—国家，这些神圣的名词庄严地指出你应该成为怎样的人，可能成为怎样的人，一定要成为怎样的人。它们是你振奋精神的起点；当你似乎丧失勇气时由此鼓起勇气；似乎没有理由相信时重建信念；当信心快要失去的时候，由此产生希望。”

荣誉是西点军人的行为标志，也是他们军事生涯的重要组成部分。通过成就创造荣誉，通过荣誉获取更大成就，是西点军校关于“荣誉教育”的基本原则，每个教官对这一点都坚信不疑。

西点新学员一入学，就要首先接受长达16个小时的荣誉教育。教育主要用具体事例说明珍惜荣誉、争取荣誉、创造荣誉、保持荣誉的重要性和方式方法，以及荣誉感对一生的好处，让每个人树立荣誉至上的理念。

然后，每一位学员都必须熟记所有的军阶、徽章、肩章、奖章的样式和区别，记住它们所代表的意义和奖励，同时还必须记住皮革等军用物资的定义、西点会议厅有多少盏灯，甚至校园蓄水池的蓄水量有多少升等。这样的训练和要求，会在无形中培养学员的荣誉感，让每个人对荣誉形成具体的认识。

事实上，每个部队都有光辉的战斗历史，也有自己独特的军营文化。在这里，每个成员都要维护团队荣誉，为团队荣誉而战。

在美国所有部队里，海军陆战队是一个响当当的名字。新兵从第一天开始，就要接受严酷的军事训练，承受巨大的压力，不合格的人会被坚决淘汰。

尼维尔·奥班纳是海军陆战队的第一位英雄，他带领部队赢得了1805年4月27日那场战争的胜利，得到了全体队员的钦佩。还有从二等兵升到中将的普勒，先后赢得了5枚海军十字勋章，他在一个管卡守卫了39年，最后老死在哨所，被视为“永远忠诚”的化身。

海军陆战队之所以如此优秀，是因为每个队员都能自始至终捍卫团队的荣誉。他们英勇善战、忠诚报国，其部队规模、结构和任务被写进了法律，这在美国所有部队中是唯一的。直到今天，海军陆战队依然是美国的王牌军，吸引着无数有志青少年投身其中。

西点军校的目标是，不仅培养一名军人，而是培养美国社会的精英，因此它在办学过程中把荣誉教育放在了首位。一个人只有心怀国家荣誉、团队荣誉，才会有进取心、羞耻心，从而努力拼搏进取，在为荣誉而战中赢得成功。

无疑，青少年是社会的中坚和希望，更应该把国家荣誉、团队荣誉、家庭荣誉放在心里。通过努力奋斗，在捍卫团队荣誉的同时，也会树立自己的信誉，得到别人的尊重。

无论将来从事什么工作，在什么岗位上奋斗，一个人都不可能单打独斗，而要融入某个团队，成为其中的一分子。因为，树立团队荣誉第一的信念，更容易得到大家的认可，实现更大的作为。

一个优秀的团队，必然会有优秀的成员，这是团队荣誉的召唤。在生活和学习中培养荣誉观念，激发自己的荣誉感和责任感，可以化作强烈的内在动力，帮助我们更好地完成学业，取得不俗的成就。

提升情商箴言

对于军人来说，荣誉更胜于生命，任何有损军人荣誉的语言和行为都应该绝对禁止。如果一个人对自己的岗位、工作有足够的荣誉感，始终珍视并维护团队荣耀，那么他必定会焕发出无比的热情和斗志，有更出色的表现。

树立正确的价值观

西点是美军第一所军校，也是美国的第一所工程院校。作为一所理工科大学，文学、哲学、历史、心理学、经济、政治、法律、伦理学等被列为核心课程，这是为什么呢？教官解释说，所有这些课程都是为了培养美国文化观念和西点“责任、荣誉、国家”价值观。

马修·李奇微将军说：“西点军校一直是美国陆军高尚道德精神的无穷无尽的源泉，是陆军军官中的西点毕业生，把这种精神反复灌输给了全体军官军士。我认为，再没有什么别的东西可以代替这种道德力量。我们绝不能为了向某种低下的社会道德让步而放弃西点军校的荣誉道德准则。”

重视对学员的价值观培养，是基于西点的毕业生在将来的军旅生涯中要担任指挥陆军作战的领导职务而设计的。学员的价值取向，关系到部队战斗力的强弱，也影响到整个陆军的荣誉和信誉。让一个道德败坏的人去掌握军队，把保卫国家安全的军事力量交给一个在价值观上与之相左的人，那是一种灾难。因此，树立正确的价值观，是一个人能否胜任重要职务，以及有所作为的决定因素。

在西点教育管理的课堂上，教官会反复告诉学员誓死捍卫私有制、宪法、自由、民主，并将忠实地履行责任作为陆军军人的最高荣誉。学校利用掌握的一切资源，将价值观培养充分渗透到教学、管理、训练、日常生活的方方面面，让军人在不知不觉中接受。每个西点的管理者、教员、学员自觉传递西点的价值观，并以此作为自己的神圣使命，真正具备受人尊敬的精英气质。

第二次世界大战期间，一支部队在森林中与敌人相遇，两名战士在激战中与部队失去了联系。他们互相鼓励、安慰，在森林中艰难跋涉。

过了十多天，他们仍然无法和部队联系上，身上的食物早就吃完了，面临着生死考验。后来，他们打死了一只鹿，靠着鹿肉又艰难度过了几天。不过，接下来的几天，他们再也没遇到任何其它动物，剩下的一点鹿肉成了两个人的救命稻草。

祸不单行，有一天他们又在森林中与敌人相遇，侥幸逃脱。当两个人到达安全地带时，只听一声枪响，走在前面的年轻战士中了一枪，后面的士兵惶恐地跑了过来，抱着战友的身体泪流不止。还好，只伤到了肩膀。

晚上，受伤的战士失眠了，他听到熟睡的战友一直念叨着母亲的名字。接下来的几天，他们都以为自己熬不过这一关了，尽管饥饿难忍，可是谁也没动仅够一个人吃的那块鹿肉。后来，部队救出了他们。

三十多年以后，那位受伤的战士说：“我知道谁开的那一枪，他就是我身后的战友。当他抱住我时，我碰到了他发热的枪管。当晚我才知道，他想独吞我身上的鹿肉，我也知道他想为了他的母亲而活下来。所以，我宽容了他，并没有提起此事。”

“他母亲还是没有等到他回家，就去世了。我和他一起祭奠了老人家。那一天，他跪下来，请求我原谅他，我没让他说下去。此后，我们又做了几十年的朋友，一直到老。”

在生死的边缘，受伤的战士没有苛责战友的非难，而是体谅到对方为母亲而活的选择。成功获救以后，他们没有敌视对方，仍旧做了几十年的好朋友，这种人性的光辉渗透出的是正确的价值观。即使是一个心胸非常宽广的人，也往往难以容忍别人对自己的恶意诽谤和伤害。但是有了正确价值观的引导，就容易以大度宽广的胸襟去包容一切，做出明智的选择。

青少年将来进入社会以后，会遇到许多复杂的关系、利益。做出正确的分析、判断和选择，离不开正确价值观的指导。只有在理念上符合社会价值标准、遵循国家法律规范、顺从人性伦理逻辑，才能担当使命、承担责任、得到认可，从而获得至上的荣誉。

用道德与荣誉制度约束军人，不仅严格要求自己的品行举止，还会自觉地监督身边人的言行，形成军人自主管理的良好氛围。从长远来看，众多西点毕业军人在不远的未来会担任陆军作战部队的领导职务，因此必须把军队指挥权交于品行端正、道德观正确的人手中，否则会酿成威胁国家和政权安全的战略危险。

提升情商箴言

在青少年的成长起步阶段，能否树立正确的价值观决定了以后是否走对路，以及能够走多远。

时刻不忘维护个人荣誉

西点的学员都把荣誉看得十分重要，“荣誉即吾命”更是成为每个人的座右铭。在这一信念指引下，一代代西点学员坚守着做人之本、立业之源，创造了一次次奇迹。

1972年毕业于西点的杰夫·钱皮恩，曾经担任Korn公司总裁，他说过这样一段话：“做人与做生意一样，首先要讲究正直，而正直给你带来的荣誉也会让你得到更大的回报。”

退役后，杰夫曾在一家机器公司当销售经理，业务发展得非常顺利。有一天，他突然发现他所卖的机器比其它公司的同性能机器贵了一些，心想：“如果顾客知道了，一定以为我在欺骗他们，会对我的信誉产生怀疑。”于是，他立即带着合约书和订单，逐家拜访客户，如实地向客户说明情况，并请客户重新选择。

这一举动让每个客户都很受感动，结果给杰夫带来了良好的信誉，大家都认为他是一个值得信赖的正直的人。结果，原来的客户中没有一个人解除合约，反而有更多的人选择与他合作，得到了更多发展机会。这就是维护个人信誉的回报。

追求个人荣誉的人，会时刻严格要求自己，为了客户的困难积极奋进，做得比他人要求的更好。荣誉的感召力量，由此可见一斑。

陆军的菲尔将军说：“在西点军校，荣誉制度是非常重要的，我认为，这一荣誉制度是西点军校不同于其它学校的关键所在。我非常珍惜这一制度，如果我们去掉它，我宁愿从后备军官训练团和候补军官学校接收陆军军官，而把西点军校忘掉。这就是荣誉制度的重要性。”

西点军校教育学员，人生的目的不是薪酬，而是个人的能力提升，是个人价值的体现，是个人荣誉的获得。为了荣誉，有时候必须牺牲一部分个人利益，但是从长远来看这种做法会获得更大的回报。

维多利亚·柯罗娜的丈夫曾经宣誓效忠西班牙王室，后来意大利诸王侯劝说他离开西班牙，这让他非常犹豫。毕竟，他曾经发表过誓言，不能轻易反悔。

正在纠结的时候，维多利亚·柯罗娜给丈夫写了一封信，她说：“牢记你的荣誉，正因为有了它，你才高过国王。拥有这种荣誉，便是拥有了真正的辉煌，而完全无需任何头衔的点缀。如果这种辉煌能够不受任何玷污传给子孙后代，你会真正感到幸福和光荣。”

丈夫听从维多利亚·柯罗娜的建议，坚守自己的誓言，得到了西班牙王室的厚待，并成为一代公爵。

荣誉不仅是军人的奋斗目标，也是每个人生命里必需的阳光和雨露。

没有荣誉的人生，是黑漆漆的，无声无息的。所以，英国诗人拜伦有两句诗写道：“情愿把光荣加冕在一天，不情愿无声无息地过一世！”

把个人荣誉看做生命的人，会时刻不忘维护荣誉，与一切困难、旧势力战斗到底。努力追求个人荣誉的人，在学习阶段会获得积极奋进的力量，在为人处事中会牢记行事准则，永远是向前奋进的人。

提升情商箴言

一名优秀的青年应该在荣誉心的带领下拥有积极、健康、良好的个人德行和品格，并学会控制自己的感情，从而取得他人的尊敬。

志向高远，拒绝平庸

在西点军校，从学员的选拔、淘汰到学员的日常生活、行为规范、服装和仪表、声名、教学程序……都有详尽、明确的规定。这些规章制度随时鞭策着西点学员要时时注意自己的言行举止，作风正派，才不失作为军人的风范。

从细节之处追求超凡脱俗，显示了西点军校对学员严苛的要求，而背后是这所著名军校追求卓越的努力。西点人认为，勤奋、廉洁的工作作风和正派的生活作风都是不可缺少的。做任何事，都要追求极致，做到最好，不能有丝毫的马虎，绝不向平庸低头。

青少年要明白一点，山鹰一生向往在蓝天飞翔，所以天天苦练，最后遨游万里碧天；山鸡也长有翅膀，但是它只满足于眼前安逸的生活，所以至死不能离开大地。生活中，每个人都有强健的身体、发达的四肢，但是15中志向的差异使每个人的命运产生了很大的不同。

1967，杨致远出生在台湾，两岁的时候，父亲不幸去世。10岁时候，全家迁到了美国。从12岁开始，杨致远一边上学，一边做报童。经过不懈努力和奋斗，终于考上了斯坦福大学，并选择了前景光明的电机专业。

临近毕业的时候，杨致远尝试了几个工作机会，但是他并不安心做一个普通的职员，于是选择了继续留在学校从事研究工作。与此同时，他还与他人合作成立了一个小型办公室，建立了“雅虎”网站。

后来，网站获得了空前成功，杨致远投入自己的热情和精力，开始把雅虎作为一项事业。几年后，雅虎成为全球访问量最大的站点之一；到了1998年，雅虎的股市市值跃升744%，而杨致远以高达近10亿美元的净资产成为华尔街和华人世界的传奇富豪。

由此可见，每个人的发展空间都是无限巨大的，因为我们可以天马行空自由想象、可以勤奋努力拼搏进取。但是，现实生活的约束又常常使人们不敢对未来抱有太多的奢望，所以想要创造成功的命运人生，没有远大志向是不行的。

“志向”，应该是青少年生来就有的一种品格，在岁月的磨砺中它不应该变得虚无，而应该在洗尽铅华之后越发璀璨。拿破仑·希尔说过：“成功的人不能没有目标，没有目标，也就没有足够的动力，目标有时就等于雄心。”任何时候，青少年都要有远大的志向，追求卓越的人生，并为此不懈奋斗。

西点军校反复告诫学员，在美好的青春时光必须有一番作为，或者打下良好的基础。因此，在日常生活中，西点人被严格的纪律管制，比如在生活作风方面，无论男女都要正派不要放纵自己。此外，西点军校禁止学员酗酒闹事。如果不懂节制，一喝起酒来就醉卧大街，这样不但会影响西点人的形象，宿醉还会影响第二天的学习效率，这样人不可托付重任。

总之，一个优秀的军人，必须用严格的纪律约束自己，用严谨的生活态度来要求自己。这是西点军校的要求，也是每个西点人奉为圭臬的行为准则。这样做的目的只有一个，那就是让西点人投入到技能学习、情志培养，而不在虚度光阴中耗费青春。

提升情商箴言

拒绝平庸，不避平凡。为人不可平庸，平庸便无创造，无发展，无上进。处世不可平庸，因此，要有原则，有鉴识，有坚守。

第11课

忠诚是人格的旗帜

在生活中，青少年有所担当，有所作为，首先要有一颗忠诚的心——只有忠诚才能使家庭和睦相处，与自己的伴侣白头偕老；只有忠诚才能使朋友之间亲如手足，避免反目成仇；只有忠诚才能使上下级之间团结一致把事情做好，不会出现离心离德、相互猜忌的情况。

忠诚是你的立身之本

从西点军校走出来的军人，对“忠诚”两个字的理解深入骨髓。它不仅是西点的校训，更是教官、学员身负使命感与荣誉感的力量所在。无论是上将还是少尉，都把忠诚放在心里，任凭自己走到世界任何地方。

忠诚是人类崇高的美德，是做人的基本要求。只有忠诚的人才能赢得别人的尊重，赢得他人的信任，在人生发展道路上日益精进，有更大的作为。

十九世纪末，古巴处在西班牙的统治之下。当时美国要赶走西班牙人，于是爆发了美西战争。美军为了取得胜利，需要与活动在古巴丛林中的反抗军首领加西亚取得联系，共同抵御敌人。于是，美军司令把一封写给加西亚的信交给了罗文上尉。罗文接受命令以后没有提任何要求，就开始了送信的任务。他花费20多天的时间，徒步走过了危机重重的地区，成功把信交给了加西亚。

美西战争取得胜利以后，人们推选最大的功臣，结果这个人既不是美军司令、也不是加西亚，而是上尉罗文。正是他忠诚敬业的品质保证了信件及时送达，使双方实现了军事上的配合，最终成功完成了对敌斗争。

罗文忠诚的精神是受人欢迎的，只有具备这种品质我们才能成为值得信赖的人。

西点军校著名教官杰罗姆·贾尔斯将军说：“军人必须在军队中奠定自己的事业。只要自己还是西点军校中的一员就应该抛开任何借口，投入自己的忠诚和责任。将身心彻底融入西点军校，尽职尽责，处处为西点军校着想。”

西点军校的忠诚意识并非来于宣誓，也不是靠要求得来，而是创造出来的。西点军校在制度上建立目标高度统一和团结合作的组织，又在新兵训练营创造互信感，教官和学员不论在正式或非正式行动中，必定将部属的福祉放于自己福祉之上，这种行为进一步加深了西点军校学员的归属感。

心甘情愿为长官或更高一级的领导作贡献，甚至作出牺牲，西点学员为什么会有这种令人动容的信念呢？因为，这些领导首先愿为他们作贡献和牺牲，双方是互相忠诚的，而不是单方面的，道理就这么简单！

很难想象，一个不能对国家、军队效忠，不能忠诚于自己的目标和任务的学员，如何在国家最需要的时候，奋不顾身，冲锋在前？如何穿越在枪林弹雨中，自动自发地去完成上级交付的重任？如何在面对强敌时，毫不畏惧，发挥出以一当十的威力？

在生活中，青少年有所担当，有所作为，首先要有一颗忠诚的心——只有忠诚才能使家庭和睦相处，与自己的伴侣白头偕老；只有忠诚才能使朋友之间亲如手足，避免反目成仇；只有忠诚才能使上下级之间团结一致把事情做好，不会出现离心离德、相互猜忌的情况。

在现代组织中，忠诚是团队正常运行和发挥作用的基础。团队成员只有相互忠诚才能真正建立公平、公正、公开的游戏规则，企业只有对客户忠诚才能提供良好的产品和服务，实现持续健康的发展。

IBM公司的创始人老沃森对“忠诚”也极为看重，并将“忠诚”和“自动自发”作为公司永不终止的信条和追求。他认为，加入一个公司是一种要求绝对忠诚的行为，忠诚是一种美德，一个对公司忠诚的人，不仅仅是忠诚于一个企业，而是忠诚于人类的幸福。

老沃森曾对员工说：“如果你是忠诚的，你就会成功。只要热爱工作，就会提高工作水平，忠诚和努力是融合在一起的，忠诚是生命的润滑剂。对工作忠诚的人没有苦恼，也不会因动摇而困惑，他坚守着航船，如果船要沉没，他会像一个英雄那样，在乐队的演奏声中，随着桅杆顶上的旗帜一起沉没。”

IBM一直坚守着这个信条，并将其渗透到企业的各个层面，使每一个员工都在这一思想和精神的熏陶下，持久地忠诚于IBM公司，并形成一种强大的凝聚力和向心力。

所以，每一位青少年都要确立忠诚的信仰，才能在面对各种困难和挑战时不逃避退缩，受到外界诱惑和威胁时不左右摇摆。试想一下，一个朝秦暮楚的人怎么能赢得他人的信赖和支持呢？

提升情商箴言

青少年无论对谁，也不管是什么事，只要我们做出了承诺，就要用行动去兑现。忠诚于国家，忠诚于西点军校，忠实于自己的使命和责任，心甘情愿，竭尽全力地完成上级指定的每一项任务，这是每个西点人的价值观。

忠诚比能力更重要

西点军校重视个人的力量，但是更看重团队精神，因为这是达成大目标最关键的条件。忠于团队、组织，是军人职业的特别要求，也是所有行业不可或缺的成功因素，它比个人能力更重要。

在西点军校，大家所信奉的是："我们这样团结起来可以创造一种集体观念的气氛。"军官在人行道上相遇，总是彼此问候致意；学员们总是自觉地帮助学习较差的同学。这是一种基本素养，是西点军校长时间形成的习惯。

从1856年出生以来，亨利·奥西恩·弗利波尔就是奴隶身份。美国内战结束后，他进入西点军校学习，成为这所军事院校第一个非洲裔美国人。

当时，战争的影响渗透到西点军校，校内分成了南方、北方两大派别，矛盾日益激化。亨利·奥西恩·弗利波尔的到来，让许多人大跌眼镜，更多的人想看笑话。但是，有人向昔日的黑奴伸出了友谊之手。在别人的帮助下，亨利·奥西恩·弗利波尔进步很快，毕业时成为优秀学员。

毕业之后，亨利·奥西恩·弗利波尔一直恪守西点校训，对国家忠心耿耿，跟着教官作出了许多非凡的成就，屡立战功，成为美国部队中一名出色的干将。这一切，与其说是亨利·奥西恩·弗利波尔努力奋斗的结果，不如说是他用忠诚换来的。忠诚，给予他力量，帮助他实现了自我，也服务了国家。

多年来，由于团结一致地贯彻执行美国的内外政策，西点毕业生成了国家利益的积极捍卫者，由此获得了更多发展机会与职位。

一个有着悠久历史，有着光荣传统，有着辈出名人的教育团体，一个始终以集体精神、团结一致进行灌输的团体，逐渐形成了一种社会网络，以致在美国的各行各业都能体现出来。西点学员重用西点学员，帮西点学员，成就西点学员，光大西点的影响，几乎成为西点学员的自觉行动。因此，不论在军界、政界，还是在工商界，西点学员的联系，西点学员的作用都令人不敢小看。

在我们工作生活中，能力是可以通过努力、学习来弥补的，但是忠诚精神却需要从心灵深处去唤醒。缺乏忠诚精神的人，很难赢得组织、团队的青睐。因此，青少年一旦做出选择，就要忠于自己的理想；一旦选择了一个团队，就要始终不渝地维护她的声誉和利益。

对个人来说，忠诚将融入你的团队之中。要时刻记住自己是谁，从哪儿来的。你并不是完全靠自己的力量成为现在的你，曾经帮助过你的人应该得到你的忠诚。当你在谈论自己所在的团队、队友或是上司时，要知道，别人可都在认真地倾听。当这些人需要你的时候，你要保证自己也能帮助他们。这样的仁慈与忠诚将得到巨大的回报，你将会让自己的团队以及人际网络的内部关系变得更加紧密。

西点军官与其上下级之间关系的牢固程度，可以从他们的相互尊重、信任和信心程度以及道德程度上得到反映。这一关系中尤为重要的是管理者要尊重下级的人格，不论种族和性别，公正待人。官兵之间的紧密关系是十分必要的，特别在战斗中更是如此。

众所周知，战斗中最大的恐惧是害怕伤或死亡。在令人生畏的战斗中，只有那些尊重和信赖自己的上级和同伴的士兵，才能有目的地进行战斗，甚至以死相拼。

通常，西点在新学员入校时，往往采取各种严格的训练。这种做法的优点在于学员的身体即使疲惫不堪，没有提出反对的余地，也就形成无条件服从上司的基础。此种行为如果累积下来，便可维持绝对服从的团体规则。

青少年在一个团队中往往扮演重要角色，这时候你必须学会无条件地服从上司的命令，以便达成共同目标，否则就可能产生障碍。尤其是在今天以团队竞争为主的时代，高度的团队效率乃是力量之所在，个体忠诚胜过能力。

一旦加入团队，必须把自己的命运交付在别人手中，这才是真正了解团结的真谛，远胜过任何分组作业或活动的效果。一旦众人形成合力，其效果将是惊人的。

西点64届学员，东方航空公司总裁法兰克·波曼：“英雄后面是一大队支持他的勇士，世界上从来就没有‘孤独英雄’，我们能够驰骋战场，因为我们身后是伟大的祖国。”忠诚的人才会把团结、奉献的念头放在心上，从而在精诚团结中取得意想不到的成就和荣誉。

提升情商箴言

在一个组织里，忠诚不但提高了内聚力，还让队员之间的沟通更迅速，从而作业效率会更高。这时候，单个人的能力大小就不重要了。

忠诚是最有凝聚力的

忠诚，是军人最可贵的品质。在忠诚的指引下，军人会听从指挥、纪律严明、艰苦奋斗，创造性地在战场上赢得胜利，甚至为国捐躯。

对军人来说，忠诚既是无上的光荣，也是沉甸甸的责任。对团队来说，忠诚是凝聚人心、聚合力量的利器。在西点军校，教官告诉每个学员要忠于国家、忠于团队，努力做到生死与共、同仇敌忾。

一个没有忠诚的团队，是一盘散沙，自然没有力量可言。海军陆战队的团队管理值得借鉴。具体来说，海军陆战队团队建设遵循几个简单而适用的原则：

第一，忠诚原则。团队成员绝对忠诚于团队和战友，这能在最大程度上提升队伍的战斗力和凝聚力，是队伍战无不胜的法宝。

第二，少而精原则。成员不在于多，二人搭挡的“亲密朋友”系统常常胜过一群人。当然，这里首要的一点是密切配合，相互忠诚。

第三，自我控制原则。每一个成员，都必须有极强的自我控制能力。除了对自己的特点、实力了如指掌以外，还要熟悉队友的习惯、特点，从而实现完美融合。

第四，归属原则。每一个成员，都必须树立强烈的归属感，融入到团队中去。在战斗中，要时刻想到团队，紧紧依靠团队的力量夺取胜利。

第五，协同原则。任何时候，成员都必须协同一致，包括协同侦察、协同射击、协同渡河等。这里突出了团队成员之间密切配合的技能。

上面五点虽然侧重点不一样，但是都离不开“忠诚”的核心作用。西点军校在教学过程中，也把忠诚作为凝聚团队力量、发挥团队优势的关键。

一个团队是由不同的个体组成的，每个团队成员的技能、个性、角色、灵活性、对合作的偏好，都存在着很大差异，进而决定着团队工作成效的好坏。发挥团队的力量，有赖于每个成员的忠诚，进而确保大家往一个方向用力、用智。

美国罗氏国际旅游公司的老板罗森布鲁斯，凭借“员工第一、顾客第二”的经营之道，使一家小旅行社在短短15年内发展为国际大旅游公司，年营业额达到十几亿美元。

作为一个管理者，他的成功之处是把工作重心放在员工身上，首位的工作是用企业文化组建有效的团队，激发员工们的忠诚度和进取心。打造员工忠诚，极大地增强了团队的战斗力，由此奠定了企业发展的基础。

罗森布鲁斯教导员工忠诚和服从，但这种服从不是仅仅对老板个人的服从，而是对企业整体利益，这也是每个员工的切身利益。因此鼓励员工打破传统，营造一个快乐的工作环境，从而产生了令人震惊的工作效果。

忠诚于团队，是忠诚于国家的直接表现。任何人都不会容忍别人背叛自己，你的队友容忍不了，同样你的上司也不例外。作为团队中的一员，首先应该把团队利益放在第一位，无论何时何地，都要最大限度地维护团队的利益。

在青少年的所有品格中，忠诚是最重要的一点。具体来说，它表现为对自己的忠诚，对团队的忠诚，对事业的忠诚。每个人都应该忠诚于自己所选择的——事业或是生活，团队或是自己。有了忠诚心，才会想办法去应对难题，获得解决问题的能力。

井深大刚是索尼企业的一名功臣，他将个人的知识与集体的智慧结合起来，以忠诚敬业的精神发挥团队优势，为企业创造了巨大的财富。

刚到索尼时，这家公司只有二十多人。老板盛田昭夫对井深大刚非常器重，并委以重任："我知道你是一个优秀的电子技术专家，好钢要用在刀刃上，我把你安排在最重要的岗位上——由你来全权负责新产品的研发，怎么样？你这一步走好了，企业也就有希望了！"

井深大刚有些拿不定主意："我？我还很不成熟，虽然我很愿意担任重任，但实在怕有负重托呀！您能给我指点迷津吗？"

但是，盛田昭夫始终鼓励他："新的领域对每个人来说都是陌生的，关键在于你要和大家联手，这才是你的优势所在！众人的智慧联合起来，还有什么困难是不可战胜的呢？"

井深大刚一下子豁然开朗："对呀，我怎么光想到自己？不是还有二十多位同事吗？为什么不向他们虚心求教，共同奋斗呢？"

他与市场部的同事一同探讨销路不畅的问题，对方说："磁带录音机之所以不好销，一是太笨重——每台大约45公斤；二是价钱太贵，每台售价16万日元，一般人很难接受，半年也卖不出一台。您能不能在轻便和低廉方面多加考虑？"井深大刚点头称是。

接着，井深大刚又向信息部的同事了解情况。信息部的业务人员告诉他："目前美国已采用晶体管生产技术，不仅大大降低了成本，而且非常轻便。我们建议您在这方面多下功夫。"井深大刚点点头，答道："谢谢，我会朝这方面努力的。"

在研制过程中，井深大刚又和生产第一线的工人团结合作，共同攻克了一道道技术难关，在1954年成功研制出日本最早的晶体管收音机，并成功地推向市场，索尼企业由此迈进了新纪元。

井深大刚凭籍着对集体的忠诚，克服困难，将团队交给他的任务圆满地完成了，他也从一名缺乏信心的新手脱颖而出，一跃成为索尼企业的副总裁。个人的智力水平是有限的，但是只要忠诚于团队，那么集体的智慧就可以帮助你夺取更大的成功。

一位人力资源专家指出：“现在的青少年在职场中普遍表现出来的自负，使他们在融入工作环境方面显得缓慢和困难，他们缺乏团队合作精神，项目都是自己做，不愿和同事一起想办法，每个人都会做出不同的结果，最后对企业一点儿用也没有。”

无论从事任何行业，在任何岗位上做事，每个人都是团队中的一分子。忠于职守，树立起对团队工作认真负责的信念，不仅有利于个人成长进步，也是团队力量得以发挥的关键。

团队精神是团队成员为了团队的利益和目标而相互协作、尽心尽力的意愿和作风，是将个体利益与整体利益相统一，从而实现组织高效率运作的理想工作状态，是高效团队的灵魂，是成功团队身上难以琢磨的特质。而塑造团队精神的关键是，忠于自己的团队，贡献自己的才智。

提升情商箴言

只有那些时刻将团队利益置于首位、忠诚于团队的人才会赢得队友的赏识，才能够得到更大的发展空间，同样也会使得你的团队变得更加强大！

请带着忠诚去工作

忠诚是军人的职责。西点军校始终把忠于国家效忠团队、作为军人的第一职责，就如同西点军校校训所提醒的；一名军人只有时刻保持忠诚，才能在战场上与战场下发挥作用、实现价值。

有一天，潘兴将军派巴顿去给豪兹将军送信。但巴顿所了解的关于豪兹将军的信息，仅仅是他已通过普岁维登西区牧场。

天黑前，巴顿赶到了牧场，碰到第七骑兵团的骡马运输队。巴顿要了两名士兵和三匹马，顺着这个连队的车辙前进。

走了不多远，巴顿等人遇到了费切特将军指挥的第七骑兵团的一支巡逻队，他们劝巴顿不要往前走了，因为峡谷里到处都是维利斯塔人，而巡逻队也不知道豪兹将军在哪里。但是巴顿等人继续前进，最后终于找到了豪兹将军。

这件事体现了巴顿的忠诚——忠于职责，不管遇到怎样的危险，也要完成上级交给的任务。

接受任务，这既是无上的光荣，也是沉甸甸的责任。身在一个团队中，就是同生共死、荣辱与共的关系。无论是为了团队的良性发展，还是为了自己的卓越成长，都需要你尽职尽责。

很难想象，一名士兵要是没有忠诚，是否还可以像巴顿将军那样把命令执行到底上。对于优秀的士兵来说，忠诚就像他的第二生命，容不得丝毫亵渎。

忠诚不仅是个人道德水平的体现，同时也是职业情商的展现。没有人会喜欢随时可能背叛自己的人。如果一个人对团队不够忠诚，团队也会对他敬而远之，因为他是不值得信赖的。在这种情况下，他的智商便跟其危险程度成正比，成功会拒绝与他为伍。

在西点军人眼里，忠诚不是个抽象的概念，而是实实在在的行动，它首先体现为忠于自己的团队，尊重和帮助身边的每一个人。在西点军校，大家信奉的是："我们这样团结起来，可以营造一种集体观念的气氛。"如果某学员的汽车坏在路上，毫无疑问，过路者一定会伸出援助之手。这使得西点军校上下级的关系变得十分牢固，在战斗中显得更加紧密团结。这就是由忠诚产生的团队凝聚力。

一个人只有忠诚于团队，才能获得良好的工作环境与前进的动力，才能赢得他人的支持与帮助。

《斯巴达克思》是一部取材罗马角斗士的电影，影片中描述了斯巴达克思在公元前71年领导的一场奴隶起义，他们曾经两次击败罗马军队，但是，在罗马军队长期的围追堵截中，最后他们还是被俘虏了。

在电影中有这样一个情节：克拉斯告诉几千名斯巴达克思部队的生还者说："你们曾经是奴隶，将来还是奴隶。但是罗马军队以慈悲为怀，只要你们把斯巴达克思交出来，就不会受到钉死在十字架上的刑罚。"

气氛顿时紧张起来，经过一段长时间的沉默，斯巴达克思站出来说："我是斯巴达克思。"不料他身边的一个人也站了起来，然后说："我才是斯巴达克思。"然后又有一个人站起来也说："不，我才是斯巴达克思，"在一分钟之内，被俘虏军队里的每一个人都站了起来，并且自称是斯巴达克思。在这次危难中，斯巴达克思部队成员所体现出来的忠诚日月可鉴。

忠诚作为一种职业情商体现出来，是品德与才华的统帅和核心。如果缺乏忠诚，其他的一切也就失去了价值。

提升情商箴言

一个人不管他的智商多么高，没有忠诚的品质，都无法为团队贡献他的力量。这样的人也不可能被团队所接纳，因为没有一个领导会喜欢不忠诚的部下，没有一个人会喜欢不忠实的朋友。

第12课

品德是人最重要的标签

西点军校不仅教给学员知识、技能，更着重塑造大家的品性。高尚的品德、健全的人格比金钱、权势更有价值，是一个人成功最可靠的资本，它们在很大程度上决定了一个人能够走多远。

让自己的人格高于一切

西点军校有一套《学员荣誉准则》，它统领德育，是西点道德发展方针的核心内容，有时甚至是全部内容。品德教育可以激发学员的荣誉感和责任感，可以化作强烈的内在动力，帮助每个学员完成学业，取得成就，并进而影响学员终生，也为公众树立良好的陆军军官形象。

当然，更重要的是，品德教育帮助学员完善人格，促进道德全面发展。从西点军校毕业的人，不仅是一名合格士兵，还是社会的精英，他们将来走向社会后会成为中坚分子，成为国家的栋梁之才。

惠普公司前任董事会主席兼首席执行官莉·费奥瑞纳曾说过："那些伟大的领导者、伟大的公司、伟大的组织之所以伟大，不仅仅因为他们所具备的能力，还因为他们的个性。"

范登里普出任联邦纽约市银行行长之时，他挑选做重要工作的行政助理的条件，首先便是以人格高尚为重要标准。

杰弗德从一个地位卑微的会计，步步高升，后来担任美国电报电话公司大老板。他认为"人格"是事业成功的最重要的因素之一。他说："没有人能准确地说出'人格'是什么，但如果一个人没有健全的特性，便是没有人格。人格在一切事业中都极其重要，这是勿庸讳言的。"

青少年完善自我、实现发展，一定要获得他人及社会的认可、信任。如此，在面对机会、挑战和改革时，才能够顺势而为，或者迎难而上，实现完美的跨越。

没有高尚的人格，就没有幸福的人生；没有高尚的人格，便没有崇高的事业。有人格魅力的人往往能够在成功的道路上畅通无阻，每个青少年都应当明白：一旦拥有了人格魅力，在无形之中就等于建立了自己的竞争优势，这就叫“人格魅力资本”。在西点的人格教育中，很重要的一点就是培养学员正直的个性。

宁可艰难地维护正确的事，也绝不轻易包庇错误。不管怎样，必须言出必行。一旦你告诉某人自己要做什么事，就应该履行自己的承诺。一旦成功地做到了这一点，你已经在比赛中遥遥领先了。

研究表明，绝大多成功人士都有自己独特的人格魅力。很多人恰恰没有认识到这一点，当他们把目光盯在财富、地位、学识上时，恰恰忽略了高尚情操的巨大力量，而后者比金钱等东西更重要。

比如，个人所具备的宽宏、大气、修养等都可以看作在社会丛林中生存立足的资本。这些隐性资本是用来创造显性财富的基础，也是左右人脉、职位等要素的决定性力量。一个拥有魅力人格的人，在无形中就建立了自己的竞争优势，给很多人以深刻的印象，与他人建立合作的可能性也就大大增加了。

一个成功者不但本身具有超乎一般的意志，并且能将自己的意志力像电流一样传导给追随者，使整个团队具有同样坚强的意志力。人格形象就是通过精神和内在性质的修养和陶冶而获得的一种无形人格力量与感召力。人格形象是人的内在精神和特质的展示与感知，没有高尚的人格就不会产生良好的人格形象。

人格是气质、性格、能力的总和。健全的人格表现为勤奋、乐观、自信、诚实、善良、勇敢、坚毅、正直、适应能力强、人际交往能力强、能很好地控制情绪等等。青少年不但要学好文化知识，更要注意在人格上修炼自己。让别人认同你这个人，无论与熟人打交道，还是跟陌生人建立关系，都会水到渠成。

提升情商箴言

俗话说：“三岁定八十”，青少年的性格气质在幼儿期几乎定型了。青少年的心理倾向是外向还是内向，除了与父母的遗传素质有关外，也是可以通过后天的培养达到健全的。

男子汉就要有浩然正气

西点意味着卓越。自新学员一入校，西点就向它们灌输这个理念。但西点强调的是，西点卓越的内涵必须包含崇尚道德的因素，尤其是一个人必须要有浩然正气。

在学校里，学员们一直对那些德行高尚的校友推崇备至。在称得上是美国民族英雄的西点名将中，麦克阿瑟是军事上最具天才的人物，政治上却不甚得意。但这不妨碍他对祖国的忠诚，不妨碍他高唱祖国赞歌。1962年，他对西点学员说了下面这些话："你们终生要以军旅为家，要一心想着胜利。在战争中，你们必须知道是没有任何东西能代替胜利的。如果战败了，我们整个国家就会灭亡。在你们的使命中，必须牢记责任、荣誉、国家。那些能挑起争论的国际国内问题让别人去喋喋不休地辩论吧，那将使人们不知所措，无所适从。但你们要沉着、冷静、清醒，坚守在自己的岗位上，你们是国家防范侵略的卫士；在国际冲突的惊涛骇浪中，你们是国家冲锋的救生员；在战争的竞技场上，你们是国家的斗士。"

麦克阿瑟将军一生追求正义，他忠于自己的国家，但反对这个国家的总统（杜鲁门）。在政治见解中，他丝毫不掩饰自己的好恶，表现出一个军人鲜明的凛然正气，他说："石头是坚硬的，但比它更坚硬的是人的思想与意志，它受到理想的指引，它能征服和铸造最坚硬的顽石。"

一个人在迈向成功路上，最重要的因素是什么？旺盛的精力，聪明的大脑，果敢的能力……但这些只能使一个人获得某种程度上的成功，如果他要担起指挥决策的重任，还必须具有最为重要的一条，那就是正直的人格、傲人的正气，它胜过千军万马。

许多年前，一位作家在一次倒霉的投资中，损失了一大笔财产，趋于破产。他打算用他所赚取的每一分钱来还债。三年后，他仍在为此目标而不懈地努力。

为了帮助他，一家报纸组织了一次募捐，许多人都要慷慨解囊，这是一个诱惑——接受这笔捐款将意味着结束这种折磨人的负债生活。然而，作家却拒绝了。他把这些钱退还给了捐助人。几个月之后，随着他的一本轰动一时的新书问世，他偿付了所有剩余的债务。这位作家就是马克·吐温。

具有凛然正气的人都是抗震的，他们似乎有一种内在的平静，使他们能够经受住挫折甚至是不公平的待遇。

哈利·爱默森·福斯迪克曾讲过亚伯拉罕·林肯在1858年参加参议院竞选活动时，他的朋友警告他不要发表某一次演讲。但是林肯答道："如果命里注定我会因为这次讲话而落选的话，那么就让我伴随着真理落选吧！"他是坦然的。他确实落了选，但是两年之后，他就竞选上了美国总统。

正直的人不会口是心非，想一套，说一套，因为他学不会撒谎。他同样也不会表里不一，说一套，干一套，那样他会违背自己的原则。

正直、端正刚直，只有行得正，才能坐得端。正直的品格是一个青少年必须具备的品质。

西点对个人品质的要求很高，它要求学员能够严于律己、认清正确的道路，并沿着它走下去。要求学员在做出决定或选择前，首先要搜集和分析各种事实，使自己的行为变得公正合理，甚至被人视为典范。

要求学员做出的任何决定都应当客观公正，不从个人好恶出发，不图私利，不掺杂情感因素。如果犯了错误，应勇于正视，主动承担责任，从不推诿。一句话，西点学员办事应当光明磊落，问心无愧。

今天，到处充满着竞争，但竞争也要公平和讲道理，靠自身的实际能力去竞争。如果荣誉应属于别人，你就不要去争，要有气度和胸怀。同时，对别人的请求，如果需要你发表意见，你要先作分析，谈真实意见，讲出肺腑之言，并且说到做到，不打诳语。

一个人不管接受什么任务、选择什么工作，都要十分清楚，你的形象是通过你的行为建立起来的。如果你想树立完美的形象，高举道德的旗帜，你就必须圆满完成每项任务，高效优质地做好每项工作，这是锻造个人形象的根本之举。如果自己完不成任务，却找出各种理由和借口为自己推脱，这不但是不负责任，也是缺乏正直品格的表现。

具有浩然正气的人，无论成功或失败，都坦然面对，不会为了维护自己的利益而说谎，或者寻找各种借口，更不会把责任推脱给他人。显然，在这个世界上，仅仅生存还不够，更重要的是正直地活着，活出自己的气概。

西点要求学员要有良好的个人品德，这是当学员或成为军官后，在下级、同事和上级心目中树立自己形象的基础。美国陆军军官的个人品德，是使美国公民确信哪里有陆军哪里就有安全的根本原因。西点学员的个人品德，更是他们学有所成，按时毕业，获得好评的保障。

提升情商箴言

品德是指在力所能及的情况下，尽最大的努力去完成任务，是锻造个人形象的现实条件。所以，青少年注意品德修养，这是成人成才的根基。

把人生建立在人品上

1971肯塔基州西点协会的创办人纪念日集会上，画家雷·哈姆献给西点军校一幅油画，这幅画象征着校友们对自己同社会关系的看法。在湛蓝色天空的陪衬下，一只美国鹰展开雄健的双翅，爪上抓着一根死树的枯枝。右角有个小小的金色的西点饰章，标志着此画是西点军校批准认可的。

今天，这幅画的复制品悬挂在许多军官家中和军校的办公室里。这只鹰和它所象征的东西——西点军校被认为是这个社会的力量所在。这里的枯枝仅仅是因为支撑了这只猛禽的重量才变得有意义。

在世界各地，西点军校已然成了一种价值判断的标尺。只要是西点军校毕业的人，其才能、品德都会被认可，不会有丝毫的怀疑。即使不是在军界，政界、商界的组织聘用西点出身的人，也会义无反顾地大胆聘用。这是因为，西点不仅教给了学员知识技能，还赋予了他们做人的品性、道德，后者是一个人在社会上谋求更大发展，并大有作为的关键性力量。

多年来，西点的辉煌吸引着无数有志青年，许多人把能进入西点作为最大理想，为此不遗余力。许多青少年把人生目标首先定位于西点，可见西点的分量。有些人如愿走进西点受训，必然带着自豪之情、骄傲之情。而这种情感如果不是盲目的，而含有理智的成分于其中，那它就是了不起的精神动力。

在这里，先是斯巴达式的训练，艰苦的、几乎难以忍受的“野兽营”式的训练，然后是雅典式的灌输，高质量、高水平、高智能的灌输，身心智力比翼飞动。如此，一个西点军校的标准军官产生了。当然，最重要的是经过西点的淬炼，一个人能够在道德、人品上达到无瑕疵，从而奠定了人生持续、稳健发展的基础。

在一次集会上，马修·李奇微将军说："从塞耶创办军校开始到现在，西点一直是高标准品德取之不尽用之不竭的源泉。它通过毕业生们把这种品德灌输到整个军官团，再通过他们传给军人们。我知道，这种高标准的道德力量是没有任何东西可以代替的，绝对不能对社会上的低标准让步，绝不能有损于这一道德规范。"

西点校友会主席保罗·W·汤普森说："一个门外汉，当他仔细思考军校领袖们必须承担的责任时，可以看出事情的核心和重点并不是教育技术和训练（相对而言，这一切都可以看做是当然的事），而关键的是品格。肩挑重任的人都必须具有特殊的气质，才能挑得起这个担子。他的学业可以上下浮沉，但却不能失去这种品格和气质。细细考虑这种品格和特殊气质的养成，人们不禁要回想起西点的那些戒律——那些戒律同培养品格息息相关，同书本学习的关系只是偶然性的。确实如此！在这里，我引用一位伟大的诗人和名将的话：'今后，在其它场合，这些戒律将带来胜利——可能是在关键性的情况下带来胜利。'"

任何组织聘用人才的时候，都不会忽视对"人品"的考察。在这里，"人品"包含了诚信、尽责、忠诚等要素，是一个人担任更高职位、谋求更大发展的必备素养。很难想象，一个担任管理及领导职务的人，如果在人品上存在瑕疵，那么他就不会好好做人，也会在做事中碰壁，势必影响整个团队的协作、发展。

小胜靠智，大胜靠德。对每个人来说，在做人上不出问题，是做好事情的基础，是创造业绩的关键。尤其是当一个人在关键岗位上影响更多人的时候，如果人品不过关，那么他的能力越大，将来产生的破坏力也就越大。所以说，人品决定了人生的高度。

青少年都有远大的梦想，渴望在未来有一番作为。无论从事任何行业，无论选择哪个职业，没有人品作为支撑，注定无法走得更远。

因为德行不足，那些才华非凡的人遭遇重大失败，这种教训实在太多，也太深刻了。因此，我们不应该让"人品"成为自己的短板，甚至毁掉自己的一生。

提升情商箴言

福特公司创始人亨利·福特说："一个公司只有在它的追求与社会的追求一致的时候，即公司生存的根本是惠于顾客、惠于员工、惠于社会，它才能永远兴旺。"青少年的命运也是如此，把人生建立在人品上，用道德照亮世界，才是一生中最美的风景。

西点军校的道德哲学课

哈佛大学教授迈克尔·桑德尔，曾经在西点军校讲授正义论课程，结果广受欢迎。在讲座开始的时候，他询问学生对"电车难题"的反应。所谓"电车难题"是牛津大学哲学教授菲利帕·富特提出的思想实验，最早见于1967年《堕胎问题与双重效果原理论》一文。

一列失控的电车正在冲向被绑在铁道上的5个人，他们肯定会被撞死。附近有一个人，他扳一下道岔，可以使电车驶上岔道，救下这5个人。但是岔道上有一个人，会被电车碾死。他该不该扳道岔？

后来，美国麻省理工学院的朱迪斯·托马斯提出另一个设想：同一列电车会碾死5个人。这次，你站在铁路上方的一座桥上，身旁有一个胖子。如果你把他推下桥，落到铁轨上，他的身躯可以挡住电车，救下那5个人，但他会被碾死。你应该推还是不推？

经过广泛的调查发现，90%的人会选择牺牲那个在岔道上的人，但不会选择把胖子推下去。但在这两种情况下，都是一个人被碾死，救下了另外5个人。那么，它们在道德上的差别是什么呢？

在西点军校授课的罗格斯大学教授杰夫·麦克马汉认为，电车难题使托马斯·阿奎那在13世纪建立起来的双重效果论变得更重要了。

阿奎那提出了正义的战争需要符合的原则，他是历史上首位勾勒出双重结果论的人。他认为，如果一个行为有好的结果，也有坏的结果，但坏结果并非有意造成的，且整体上好结果大于坏结果，它就是被允许的。

如果把双重结果论运用于电车难题上，其论证就是，在第一种情况下，电车司机并没有有意要碾死岔道上的那个人。如果你调整电车的方向，而岔道上的那个人奇迹般地逃开了，你会很高兴。但在第二种情况下，你是有意要让胖子送死。如果他从铁道上跳开，逃出电车的行进路线，那将阻止你实现你的目标，因为那5个人还是会被碾死。

在课堂上，西点军校的学生都不赞成杀死那个胖子。他们解释说，这两种情形之间的区别，就如同在知道会有平民伤亡的情况下瞄准一个军事设施，与故意杀死平民之间的区别。显然，老师教军校学生自己做道德决定，而不是盲目地遵守道德规则。这就是西点军校在教育上与众不同的地方。

显然，培养这样一代懂哲学的士兵是有风险的。对此，西点教官并不否认。但他们认为，这样做有很大的好处。比如，在战场上，士兵必须有明确的价值判断标准和行为准则，才能处理特殊情况。这时候，如果价值判断出了问题，不但贻误战机，也会让当事人陷入道德焦虑。

对此，在课堂上必须通过思考电车难题等问题来提早解决。今天，社会发展日新月异，科技的力量无所不在。但是，技术越先进，越需要道德的力量来关照人的发展。任何时候，有关人的道德哲学等命题，会从根本上左右人的思想，进而决定其价值判断。

今天，道德哲学成了西点军校的必修课。课上学生必须研习的一个难题是，是否应该牺牲一个人的生命来挽救另外几个人的生命。这些终极问题的探索，关键不是答案，而是这个过程让每个人懂得，活着的意义究竟是什么，以及应该如何活着，并作出合理的人生选择。

提升情商箴言

对青少年来说，当世界观、人生观、价值观还没有成熟的时候，更需要在是非、曲直等问题上有深入的思考。这不仅仅是思维的乐趣，也是对许多人生终极命题的探索与思考。

第13课

让风度成为一种魅力

风度是一个人内在实力的自然流露，也是一种魅力，是指人的言谈、举止、神情、姿态等。西点校友会主席保罗·W·汤普森认为：“肩负重任的人都必须具有特殊的气质，才能挑得起这个担子。”这种特殊的气质就是风度。

一定要学会礼貌待人

西点军校是一个最讲究礼貌的地方。比如西点军校规定；每位学员就餐的时间不得超过2分钟，吃饭时不能大声说话。用餐的铃声一响，一年级的学员煞有介事地报告：“长官，今天的甜点是曲奇饼。”停止用餐的铃声一响，一年级学员又郑重其事地报告：“长官，还剩下两朵西兰花。”

如果你到西点军校参观，不时会看到西点学员出于礼貌行军礼。在西点军校，下级军官见到上级时要主动行军礼，低年级学员要向高年级学员行军礼，不论他们是否相识。另外，西点军校还要求每个新学员记住其余1400名学员的名字和基本情况，因为记住对方的名字是有礼貌的表现。西点军校深知“礼貌”在人际关系中的重要性，因此对于学员的礼貌要求十分严格，并鼓励学员通过自己的礼貌赢得良好的人际关系。

美好的行为比美好的外表更有力量，更具影响力和感染力。这是一种精美的人生艺术。对所有的人都以礼相待，尊重每一个人，这样的人才能更受欢迎，人们才更愿意与之交往；而忽略基本的礼仪，则会给人留下无礼的印象，让别人对我们的印象大打折扣。

黄昏时分，一个人骑马赶路，迎面走来一位老农，人勒住马，在马上高喊：“喂，老头儿，离客找还有多远？”老人回答：“五里。”那人策马飞奔，跑了十多里仍不见人烟，暗想：“这老头儿真可恶。五里，五里，哪里只有五里！

那人喃喃着猛然醒悟：“五里”不是“无礼”的谐音吗？问路不讲礼貌，怎么能得到正确的答复呢？于是他调转马头往回赶，发现老人还在原地等候，那人赶紧翻身下马，恭敬地叫了一声“老伯”。话没说完，老人就说道：“离前面的客栈还有很远，天色已晚，如不嫌弃，可到我家一住。”那人前后态度不同，老人对待他的态度也就不同。

西点军校教育理论指出，学员的礼貌是他内心本质的外在体现，既可以反映出学员的品位、情感和品格，也能够告诉别人，这个学员属于哪一个层次。另外，礼貌有应付和真心之分。只有发自内心的谦逊的态度才是最重要的，因为这才是西点学员内心的真正感悟，它通过一丝不苟的自我约束和道德修养，逐渐地渗透到学员的日常行为当中。

礼貌往往通过谦逊、仁爱的举止体现出来。因此，它也被西点教育者比喻成“行为的艺术”，通过外在的言谈举止，反映出学员内在的、对别人的真心关怀。而且，西点所指的礼貌并不仅限于熟知的人，还包括那些陌生人。

提升情商箴言

青少年朋友要学会礼貌待人，养成良好的习惯。礼貌是个人内在修养的体现，是任何时候都应该做到位的，不能因为场合变化就放纵自己，要时刻提醒自己注意仪表和礼貌用语，例如多说“请”、“谢谢”、“你好”等礼貌用语。

谦虚让你更受欢迎

“每个人都是你的老师。”这是西点军校的缔造者、美国前总统托马斯·杰斐逊的一句名言。后来这句话成为西点军校的一个信条，旨在培养学员们谦虚好学的精神。

托马斯·杰斐逊是一个知识渊博的人，他精通农业、考古和医学，他发明了许多让众人受益的小器械，但他从来不骄傲自满。

杰斐逊出生于美国贵族家庭。贵族很少和平民来往，但是杰斐逊却并没有这种恶习，常常谦虚地向平民讨教各种知识。

有一次，杰斐逊劝说政治家拉法那特说："你应该像我一样去老百姓家里多走走。看看他们吃什么、喝什么，尝一尝他们的面包，喝一口他们的水。如果你真的这样做了，就会明白他们不满的原因。也会因此懂得正在酝酿的法国革命的意义所在了。"

有人这样评价杰斐逊："杰斐逊看上去不像总统，更像是一位谦虚的哲学家。在他参加宣誓就任总统的典礼时，是独自一人骑马而来，然后自己把马拴在栏杆土，步行去参加典礼，为人谦虚行事低调。"

当上美国总统后，杰斐逊用自己渊博的知识和谦虚的态度征服了美国民众的心，成为美国历史上最受欢迎的总统。

谦虚是一种美德，情商越高的人往往越谦虚。

爱因斯坦由于创立了相对论而声名大振。有一次，他9岁的小儿子问他："爸爸，你怎么变得那么出名？你到底做了什么呀！"爱因斯坦说："当一只瞎眼甲虫在一根弯曲的树枝上爬行的时候，它看不见树枝是弯的。我碰巧看出了那甲虫所没有看到的事。"

这显示了一个伟大的科学家的谦虚心态。虚心的人之所以受欢迎，是因为他们能够把自己放在一个更低的位置，不耻于向别人请教。

美国前总统富兰克林年轻时很骄傲，言行举止咄咄逼人、不可一世。后来有一位朋友将他叫到面前，用很温和的语言说："你从不肯尊重他人，事事自以为是，别人受了你几次难堪后，谁还愿听你夸耀的言论？你的朋友将一个个远离你，你再也不能从别人处获得学识与经验，而你现在所知道的事情，老实说，还是太有限了。"

富兰克林听了这番话后，很受震动，决心痛改前非。从那以后，他处处注意，言语行为谦虚平和，慎防损害别人的尊严和面子。不久，他便从一个被人敌视、无人愿意与之交往的人，变为极受人们欢迎的人。

一个人如果从来不愿接受别人的意见，一意孤行，不把他人放在眼里，那么他即便有很高的智商也不会有大的成就。而很多高情商者正是因为谦虚，才拥有了丰富的人际关系资源，成为行业中的领导者。

提升情商箴言

在人际交往中，如果你以谦虚的心态来表达自己的观点，可以减少一些冲突，还容易被他人接受，一句“我不太明白”、“我没有理解你的意思”、“请再说一遍”之类的谦虚话语，会使对方觉得你富有涵养和人情味，真诚可亲，从而赢得别人的信赖。

良好的礼仪带来谦虚的风度

在西点军校，学员在回答问题时往往会加上“长官”这一称呼。这种习惯不是天生的，而是新兵训练营在最初1~2个星期内反复练习养成的。也就是说，学校要求每个人对上级军官所说的每一句话之前必须加上“长官”这两个字。

看到身着军服的男女陆战队队员表现出的礼貌，许多人感到惊讶，也被感染了。人们不仅惊诧于这支队伍的谦逊有礼，更从中体会到了被尊重。从这个角度来看，西点学员礼貌待人的风度征服了一大批人。

西点的新兵训练营不是一所礼仪学校，但是毕业的新兵经常让3个月未见的父母和朋友都不敢认他们。那个从前爱说俏皮话、爱高谈阔论的年轻人，自从加入西点之后，与父母亲的谈话方式连他自己都觉得诧异。张口就是“先生、女士”。当他人起身时，他也知道起身了，他的语言也得到了净化。

西点队员的礼貌不是矫揉造作，它是一种习惯，但这种习惯来源于谦逊和自尊，以及一种发自内心的为他人服务的愿望。谦逊是在接受教官训练时养成的习惯，自尊则是稍后建立起来的，而为他人服务的愿望则源自当他做好事时，教官脸上会出现难得一见的笑容。在西点军校，谦逊有礼被视为值得学习、嘉奖的行为。

在人际交际中，一个人的相貌、服饰会给人留下深刻的印象。但是，最让人过目不忘的是对方的言行、举止。换句话说，人不仅要有好的体形，更重要的是，要有优美的姿态，行为举止要表现出应有的素养，让人亲近、认同。

风景秀丽的纽约大街上，写字楼鳞次栉比。某照明器材公司的业务员汤姆按原计划赴约，他手拿新设计的照明器材样品，兴冲冲地登上六楼，脸上的汗珠未及擦一下，便直接走进了业务部主管的办公室，正在处理事务的负责人被吓了一跳。

“对不起，这是我们企业设计的新产品，请您过目。”汤姆说。对方停下手中的工作，接过汤姆递过的照明器，随口赞道：”好漂亮呀！”他请汤姆坐下，并递过来一杯茶，然后拿起照明器仔细研究起来。

汤姆看到张经理对新产品如此感兴趣，如释重负，便往沙发上一靠，跷起二郎腿，一边吸烟一边悠闲地环视着办公室。当对方询问电源开关为什么装在这个位置时，汤姆习惯性地用手搔了搔头，这是他的习惯。

虽然汤姆作了较详尽的解释，但是这位负责人还是有点半信半疑。谈到价格时，对方强调：“这个价格比我们预算的高出较多，能否再降低一些？”

汤姆回答：“这是最低价格，一分也不能再降了。”对方沉默了半天没有开口，汤姆却有点沉不住气。不由自主地拉松领带，眼睛盯着对方。最后，这位负责人又问：“这种照明器的性能先进在什么地方？”

汤姆又搔了搔头发，反反复复地说：“造型新，寿命长，节电。”接着，负责人托辞离开了办公室，只剩下汤姆一人。等了一会儿，汤姆感到无聊，便非常随便地抄起办公桌上的电话，同一个朋友闲谈起来。这时，门被推开，进来的却不是那位负责人，而是办公室秘书。

不用说，汤姆的交易泡汤了。而他失败的原因，就是在客户面前失去了礼仪，做事肆无忌惮，根本不照顾对方的感受。这种傲慢、无知的做法会招致讨厌，生意自然谈不成了。

在任何时候，任何场合，面对任何人，都要保持礼貌，都要表现出一副温文尔雅的姿态。不要以职位、气势压人，更不可摆架子。用良好的礼仪建立你与他人的关系，获得对方的认同，而不是靠粗俗无礼让人生厌。

行为举止，是一个人精神面貌的体现，是一个人在生活和行为方面自身素养的反映，也是映现一个人涵养的一面镜子。同时，言谈举止也是影响办事效果的一个重要因素。良好而优雅的行为举止是文明礼仪的要求，体现了内在涵养的尊贵，更是对他人的尊重和吸引力。

提升情商箴言

爱默生说："美好的行为比美好的外表更有力量，美好的行为比形象和外貌更能带给人快乐。这是一种精美的人生艺术。"对所有的人都以礼相待，尊重每一个人，这样的人才能受欢迎。

说出每个人的名字

西点军校对自己的学员有一项特殊的要求，那就是，每个人必须记住4000多名学员的名字。记名字不难，但是要将所有人的名字记下来不是件容易的事情。可是，西点军校的每个学员基本上在经过1年的训练后，都能把4000多名学员的名字记得一清二楚，包括他们来自哪个州、兴趣爱好等等。西点为什么会对学员有这样的要求呢?

因为，对于大多数人来说，没有比听到别人准确无误地说出自己的姓名更能感到愉快了。好比一些有钱的人想通过贿赂作家，为自己著书立传，为得不正是使自己的名字留传后世吗？很多建筑物美伦美奂，但都在关键的部位镌刻着捐赠者的名字，这不正代表了名字的重要吗？所以说，一个人对自己的名字的重视程度不言而喻。而且，对于重视姓名这一优越之处，最典型的体现莫过于在公司中。

每当有客户、求职者、朋友来访的时候，正是施展这种技巧的良机。当有陌生人来访时，如果你能带着来访者到公司的各个部门去参观一下，并把你的每一位同事准确地介绍给来访者，不仅要说出他们的名字，还要说出他们的职责范围，以及其工作对公司有贡献的地方。

这样不仅会赢得同事们的感激，而且还会肯定你为此付出的心血和精力。也会让来访者对你的工作态度敬佩有加。

西点学员都知道：记住其它学员的名字，并亲切地叫出来，等于巧妙地给了别人一个赞美——因为人们对自己的姓名看得重要。所以，每当西点学员新认识一个学员，就会问清楚这个人的名字和相关情况，把这些信息牢牢地记在脑海里。即使1年以后，他还是能够拍拍这个人的肩膀，跟他亲切地交谈。

试问，如果你不重视别人的名字，又怎么能去很好地了解对方呢？西点毕业的学员都能做到专心地听讲，真诚地对不了解的事情予以关注，这种极具诚意地听别人讲话，正意味着西点人能给予别人以最大的欣赏和尊重。

毕业于西点的杰尔·斯科特在公司里曾经碰到过一个发脾气的用户，这位客户怒火满腔，到处申诉、告状。最后，公司派斯科特去见那位无事生非的人，并让其想办法消解他的情绪。

斯科特见到那位火冒三丈的客户后并没有做任何解释，而是静静地听着，让那个暴怒的用户淋漓尽致地发泄自己的不满。用户滔滔不绝地说着，而斯科特则坚持洗耳恭听。

就这样斯科特先后去见过那个用户四次，每次都对用户发表的想法表示同情。第四次会面时，用户提出了一个建议，斯科特也毫不犹豫地表示赞成，并谦逊地说："是的，布拉德先生，您说的有道理。"

那个用户从未见过一个公司的人可以这样的有耐心，并用这样的态度和方式跟他讲话，最重要的是，他竟然知道自己的名字。他感受到了斯科特对自己的重视和尊重，渐渐地，这位用户的态度开始变得友善起来。终于在不动声色中平息了一场控诉。

这个故事告诉我们，跟你谈话的人对他自己受重视的需求比对他所遇到的问题更感兴趣。因此，如果你想要得到别人的认可，便要记住：记住别人的姓名，让对方成为主角，做一个好的倾听者。

青少年容易气盛，很容易在气急败坏之下侮辱对方的姓名，这是最愚蠢、最无理的行为。连平日里给友人取绰号都算作不尊重的一种表现。所以，青少年一定要把名字对于个人的意义重视起来，要像西点军人那样尊重他人，并积极记忆他人的名字，相信这会带给你意想不到的收获。

提升情商箴言

青少年知道“记住别人名字”的好处了吧。当然，我们不一定非得记住4000多个人的名字，但至少要用心记忆所有跟你接触过的人的名字。这是对别人的尊重，也是个人素质的体现，更是快速融入群体的好办法。

不管你多牛，都要学会欣赏他人

在西点军校，每个学员都是精英分子，都有自己独特的地方。如何看待自己的同学，如何与身边的人相处，是功课之外的重要内容。

通常，教官要求每位新学员都要学会发现、欣赏他人身上的特质，学习对方的长处，弥补自己的不足，这样才能成为正直、谦逊、热情有礼的军人。

西点的教官们深信，一个人如果是优秀的，你就会从他身上找到好的人格品质；如果你不这样认为，就无法发现他人身上潜在的优点；如果你本身的心态是积极的，就容易发现他人积极的一面。当你不断提高自己，别忘了培养欣赏和赞美他人的习惯，认识和发掘他人身上优秀的特质。

学会欣赏他人，这不仅是一种智慧，也体现了一个人的气度。看到他人的缺点很容易，但是只有当你能够从他人身上看出优秀的品质，并由衷地欣赏他们的成就时，你才能凭借广阔的胸襟，真正赢得友谊和赞赏。

青少年的视野有多宽，他的成就就会有多大。你的身边不乏优秀分子，以欣赏的眼光发现他们身上的优点，并加以借鉴，最后收获最大的是你自己。并且，你的这种欣赏目光会让对方感同身受，乐于承认、接受你这个朋友，何乐而不为呢？

一个春光旖旎的中午，阳光撒在大地上，杰克拉着爸爸的手在郊区公园散步。突然，一位穿着不合时宜的老太太走过来，只见她的上身紧裹着厚厚的羊绒大衣，脖子上围着一条毛皮围巾。在这样暖和的天气里，这样的打扮不伦不类。

看到这里，杰克小声说："爸爸，你看那位老太太的穿着打扮多可笑啊！"爸爸也看到了老太太，但是他没有露出鄙夷的神情，而是严肃地对杰克说："孩子，我们应该学会欣赏别人，而不是去挑剔。"

接着，爸爸抚摸着他的头说："孩子，我恰恰与你的看法相反，我很欣赏那位老太太。"听到这里，杰克有些疑惑了，他盯着爸爸，期望得到更满意的答案。爸爸解释说："那位老太太在这样暖和的天气里穿着厚大衣，脖子上围着围巾，她应该是大病初愈，身体还没有康复吧。孩子，你留意观察她的表情了吗？她平静的目光停留在那丛绽放的花朵上，脸上荡漾着欢愉笑意，你难道不认为她很可爱吗？她很坦然地欣赏着大自然，我觉得老太太并不滑稽可笑，而是展现着对美的释放！"

这时候，杰克再次认真地打量眼前的老太太，眼前的一切的确跟刚才看到的不一样了。老太太安详的眼睛涌动着某种渴望，脸上绽放的微笑如同她眼前一朵朵美丽的花儿。从那一刻，杰克明白了"欣赏"的力量。换个眼光看世界，你会发现她是如此美丽动人。

玛格利特曾经说过："美存在于观看者的眼中。"她的看法和西点教官们平常所说的"我们在别人身上看到我们所希望看到的东西"不谋而合。西点军人认为，每个人都是相当复杂的综合体，融合了好与坏的感情、情绪和思想。你对他人的想象，往往奠基于自己对他人的期望之中。

西点军校教导学员们，每个人都必须围绕着自己的核心竞争力去不断地改进自己，让自己进步。别人的缺陷是别人的事，或许也是他们的人生，你无法去改变别人的命运，但你要把握自己的命运。

生活中，首先学会正确地看待这个世界，修正自己看事物、看人的角度，自然可以得到积极、正面的东西。久而久之，我们就能获取积极的人生。西点军人们知道，学会去欣赏别人，发现别人的优点，可以补充自己的正能量，获得超凡的成功。

事实上，当一个人学会了发现别人的优点时，心情才会阳光起来，才能让自己的心智得到最大的营养，才具有乐达的气质。即使不小心发现别人的缺点，那也是对自己的一种提醒，让自己学会了超越，懂得了如何与人相处。

人的心态为什么会不好，就是因为看到了太多丑的东西，事实上它并不一定是丑的，只是你的价值观与他不同而已，或者说你只看到了表象，未必是事情的本来面目。所以，如果你懂得换个角度看问题，学会欣赏别人，你的路也将越走越宽阔。

提升情商箴言

社会上的每一个人都渴望别人的欣赏，同样，每一个人也应该学会去欣赏别人。学会用一种正常且健康的心态去欣赏别人，是一种爱。欣赏别人，决不是表面上简单地赞赏别人，而是打开真诚的心灵窗户收拢满园春色，只有拥有春天般心灵的人才会真正领悟到春天的美丽。

活力让你散发强大的气场

西点校友著名企业家威廉·B·富兰克林说过这样一句话：“努力不懈，是奔向梦想和目标的唯一坦途。”在学习、成长的道路上，充满活力、不懈奋斗的人会凭借强大的力量征服环境，走出低谷。

军人走向战场，就是去战斗。面对未知的领域、残酷的环境，西点学员必须保持活力，充满进取，才能成就传奇。无论是战场上的麦克阿瑟、巴顿，还是商场上的西点精英分子，他们都以十足的力量震撼了这个世界，在自己的有生之年取得了伟大成就。

在平时的训练中，西点教官尤其强调活力。如果哪个学员精神萎靡不振，那么教官首先会询问对方是否身体不舒服，然后会千方百计让对方散发出活力，去迎接生活中的每一天。保持活力，不但可以让自己精神焕发，也会把这种意气风发的意志传递给身边的人，让整个团队都活力四射。

青少年朝气蓬勃，本来就应该充满朝气，过好每一天。即使面对困难和挑战，也不必妄自菲薄、垂头丧气。青少年们，展示你的青春活力，播撒你的热情与激情，这种状态会感染更多的人，增加你的气场。

阿门得森是挪威的著名极地探险家，他从15岁起立志成为一个向大自然挑战的人。因此在获取相关知识的同时，阿门得森利用各种自然条件锻炼自己的身心，为将来的行动进行充分准备。这种热忱、乐观的心态帮助他承受了各种严峻的考验，使他离自己的目标越来越接近。

1898年，阿门得森和队员到南极探险，结果大家被围困。面对严峻的形势，他出色指挥“贝尔吉卡”号探险船摆脱了冰堆的危险，而缺少冬衣和干粮的窘境使队员们丧失了信心，关键时刻阿门得森以乐观的心态鼓励大家积极面对，并组织船员捕捉海豹和企鹅充饥，用毯子缝制冬衣御寒，最后被困13个月的探险船终于闯过一道道险关，大家起死回生。

此后，阿门得森还成功完成了驾驶飞艇飞越北极上空的洲际旅行，并留下了从欧洲飞越北极而后到达北美的历史记录……在谈及自己的成功经验时，阿门得森说自己首先是一个乐观的人，积极、乐观的心态帮助自己摆脱了种种难以想象的困难，更建立了向成功迈进的自信。

一个人的生活快乐与否，完全决定于他对身边人和事的看法。乐观看待身边的一切，就能使自己保持良好的状态，这就是乐观心态的神奇魔力。更重要的是，无论任何时候，都要让自己充满活力，这样才有力量应对各种挑战。一个软弱无力的人，是没办法成为胜者的。

西点军校让每个学员充满活力，首先是军人应有的状态，其次培养这种心态对一个人的发展有积极的促进作用。充满活力、积极乐观可以使我们以饱满的热情与他人实现良好沟通，开拓事业发展的新境界。因此，遭遇苦恼、忧愁、烦躁、愤怒、痛苦等不良情绪时，要懂得调试自己，更重要的是建立一种乐观的心态，使自己的身心保持稳定状态。

许多人身上的一个大问题就是他们的理想过于平庸，过于单调乏味，因而没有任何挑战性。他们没有为自己确定一个适当的目标，或者说，跟他们的能力相比，他们的目标定得过于低调，过于消极了。

如果想要轰轰烈烈，就必须志向高远，充满活力地迎接每一天。充满活力的人，会有无穷的力量。当你感觉到内心深处有一股不可抑制的激情在汹涌奔流时，当你发现你是那么强烈地渴望去做某事时，当你的理想和自我意识发出无声的呐喊时，实际上这是一种标志，意味着你完全有能力做某件事，并且必须是立即着手去做它。这就是一种欲试强项的状态！

把一件事做好的最佳时机，就是当你精神饱满、斗志昂扬的时候。而每一次拖延和迟缓都会磨蚀人的决心，削弱我们的意志。当你激情勃发、满怀热情和干劲时，任何事都将变得轻而易举；相反，如果一次又一次地拖延自己的行动，你将发现自己越来越不情愿付出必要的努力或牺牲来达到目标，因为这一目标现在看起来并不像当初那样具有吸引力了。

活力带来动力，增加了人的气场，而这是取胜的关键。不要让你的热情冷却，不要让理想的火焰熄灭。

活力是一种正能量，这种理想状态会对每个人发生潜移默化的影响，并将最终使得每一个人成为他理想的样子。西点学员可能在知识技能上有差异，但是在充满活力这一点上，大家都是一致的。积极面对一切，保持活力四射的状态，毫无疑问，这是你生来就有的权利。

提升情商箴言

下定决心告诉自己，你不愿也不能在浑浑噩噩中虚度此生，不愿也不能屈服于生活的不理想状态。振奋精神，朝着值得为之奋斗的目标大踏步前进吧！

第14课

谁也离不开团队精神

全力合作是西点军校的军规，而全力合作离不开团队。西点毕业生罗森博格说：“假如你在心中记得照顾别人，那么你就会取得成功。”在西点军校，团队精神特别重要，有事大家都会彼此沟通。青少年需要拥有高度的团队精神，这样才能适应当今分工细致明确的社会环境。

团队精神是西点22条军规之一

团队精神是西点22条军规之一。教官们会对新学员进行团队情商训练，使他们懂得，一个人的能力是有限的，当一项任务远远超出个人的能力范围时，团队合作就势在必行。

西点军校在训练学员时尽量模拟学员将来在战场上可能经历的情境，培养他们的团队合作精神。

在西点校园旁边美丽的波波洛本湖岸上，有一个训练营地。作为西点军校的常设营区，这个营地里面的设备非常简单。为了让学员充分体验配合的重要性，学员都要在这里接受密集战地演习，这些演习尽可能模拟真正战争环境的训练，不但需要学员在体力上竭尽全力，还要发挥团队合作的精神。

训练中有一项任务是这样的：6个学员一组，在规定时间内必须爬上一个有4级台阶的10米高台，而每级台阶间隔2.7米，每个人都必须爬上去再爬下来。学员们看到这个，心里都都非常清楚：不论用什么方法，没有团队合作，一个人是绝对无法完成的。

这个训练项目有两大阻碍。第一是技术问题，怎样才能从地面爬上平台。解决的办法可以是各组以“叠罗汉”的方式，先把最高的一个送上去，再由先上者拉大家上去。第二是个人的问题，怎样克服个别弱点。比如个子矮或体重重的怎么办？每个学员只有通过相互配合，借助团体的智慧，才能成功。

在训练中，还有一个“组合桥梁”活动：学员被分成35人一组的几个小组，各组在规定时间内必须完成组合桥梁的任务，哪队先把桥梁搭好哪个队就获胜。在战场上，搭建这种组合桥梁多半是出于迫切的任务，或是逃避敌人的追击，或是运输重要物资等。在这种危急情况下，针对这个“假想敌”，更需要激发学员的士气，使他们全力合作。组合桥梁的每一块桥面和梁柱都有几百公斤重，搬起三四百公斤的大桥墩就需要一群人的力量。所以这也是一个仅凭个人的力量无法完成的任务。

西点学员的团队精神就是在这些艰巨而复杂的训练中磨炼出来的。

英雄来自伟大的团队。一个人无论多么优秀，也无法演奏出美妙的协奏曲。所有伟大战略的顺利实施都必须依托于一个具有强大凝聚力的团队，一个具有强大凝聚力的团队也必然是一个能够让每个成员都人尽其用的团队。没有哪个组织比西点军校更注重培养提高学员的自身能力，也没有哪个组织比西点军校更重视团队精神的力量。精诚团结使西点军校获得了意想不到的荣誉和成就。

西点军校，一个有着光荣传统、人才辈出的军事院校，拥有强大的社会网络，以至于在美国的各行各业都能体现出来，其实这也是西点人团队精神与凝聚力的表现。

提升情商箴言

西点军校毕业生罗伯特·伍德说：“不论多么强大的士兵都无法战胜敌人的围剿，但我们联合起来就可以战胜一切困难，就像行军蚁一样把阻挡在眼前的一切障碍统统消灭掉。”

放弃你的个人英雄情结

西点军校一向崇尚团队精神，任何一个人能力再强，也敌不过团队的力量。在西点军人看来，那些存有个人英雄主义思想的人必将是死路一条。

在西点军校，一个人犯了错将由众人来承担。因为军队是一个整体，一个人犯错，就可能导致整个军事行动的失败。所以常常因为一个人犯错，而全体队员一起受罚。只有这样的纪律，才能保证大家的身心时刻处在一种集体观念下，避免任何个人英雄主义情结的产生。

其实避免个人英雄主义情结的重要性体现在各个领域。拿企业的例子来说，在每个企业老板的创业初期，往往离不开老板的魄力与胆识，更离不开以老板为核心的一批创业英雄。而要想成为一个英雄式的创业人物必须具备大胆、敏感、高悟性、丰富人际资源等，只有这样才能够寻找到商机，创造出成功的业绩。可以说，企业的起步到崛起，每一步都离不开这些核心人物的个人魅力和素质。但是，企业要想获得永续发展、基业长青，过分依赖领袖人物的作用，那就很危险了。

然而，很多大老板不愿意放弃自己的个人英雄主义情结，因为，那种支配、控制全局的感觉会让每个老板精神亢奋，也能让每个成功创业的人获得满足感和价值感。尤其是对于那些白手起家的人来说则更加严重，他们大多是摸爬滚打、艰苦奋斗了几十年才有今天的成就，所以，要让他们放下英雄主义是很难的。

实际上，除了老板们对这种英雄主义有“瘾”之外，还与员工对这种白手起家、个人创业成功英雄的崇拜与信任有关。一个公司从无到有，本就是一件非常不易的事，而在公司初期的成长过程中，老板担当了一个非常重要的角色。也是在这个过程中，员工逐渐积累起对大老板的崇拜与服从，而老板的个人英雄主义也是在这些土壤的支持下生根与发芽的。

所以说，企业要想获得健康发展，最害怕的就是整个公司的员工太相信老板的话。如果老板选错了路，那就意味着整个公司将跟着他一起走向毁灭了。因此，在不同发展时期，在企业的运作方法不完全一样的情况下，老板要解决的主要问题也不应该完全一样。

一旦企业走过初创期，老板就必须敢于舍弃自己头顶的光环，把个人英雄情结埋入心底，这样才能理智地把握好企业的未来。

而西点军人认为，人的一生其实跟一个企业的生命周期是一样的，企业希望能基业长青，就要淡化英雄人物个人的影响。个人要想获得长足发展，更要淡化个人英雄主义的膨胀。

相信每个青少年在小的时候都有过对英雄的崇拜和向往，那种万人敬仰，呼风唤雨的快感是每个青少年心中最大的渴望。然而，当个人英雄主义真的被你应用在生活中时，也就成了你固步自封，停滞不前的开始。所以，放弃个人英雄主义情结是每个青少年必须懂得的道理，是每个青少年必须理智对待的情结。

这个世界上，每个人都有自己的优势和劣势，没有谁是独领风骚的王者，也没有哪一个人可以独揽天下。好比在非洲的草原上，如果你见到羚羊在奔逃，那一定是狮子来了；如果见到狮子在躲避，那一定是象群发怒了；如果见到成百上千的狮子和大象集体逃命，那就意味着整个蚂蚁军团来了。由此可见，那些抱有个人英雄主义的人是何等的愚昧和狭隘，这样的人很难去开发自己，完善自己，最终困死在自己制造的美梦里。

提升情商箴言

英雄是某个领域的佼佼者，却不是供人们朝拜的完美者。每个人都有自己的发展空间，盲目的个人英雄主义情结者，将被过去的光芒遮蔽了前方的路，最后在英雄的美梦里一睡不醒。这是每个拥有发展潜质的人最大的悲哀。

信任伙伴是团队合作的开始

西点军校的第一任校长乔纳森·威廉斯曾说："对团队伙伴的信任是团队赖以生存的条件，没有这种条件，团队就会完全萎靡不振。"

西点人认为，指挥官与下属之间，军人与军人之间的信赖、忠诚与尊重是实现团队合作的最根本的保证。

此外，西点人十分清楚，信任也是实现团队合作的基础和前提，它不仅能够提高团队合作的效率，还能让大家把焦点集中在同一个工作核心上。西点人深知，一个团队的成员之间如果缺乏信任，那么队员们的注意力就可能被分散，不能齐心协力向目标奋进，并很容易导致小团队利益和个人利益代替了团队利益，那后果将是不堪设想的。

在西点军校，大家所信奉的是："团结起来创造一种集体观念的气氛。"所以西点的学员们总是自觉地帮助学习较差的同学进步，如果某学员遇到困难，他们的伙伴也一定会第一时间伸出援助之手，不管认识还是不认识。这都成为西点军人的一种基本素养，是西点军校在潜移默化中形成的习惯。因为在他们看来，缺乏互助与信任的团队是可怕的，从下面的例子中就可以体会得到：

威尔逊、卡尔、里迪三人因为被困在沙漠之中，已经三天三夜没有水喝了，为了避免渴死，他们决定分头去寻找水源。又为了避免彼此走散或迷路，他们约定：一旦某个人发现水源或需要帮助，就向天空开枪，其它两个人便会及时地赶来。

威尔逊带上手枪和各自分发的5发子弹，独自向东出发寻找水源。当威尔逊走了大约有5公里时，他已经口渴地走不动了。火焰般的太阳毒辣地烤着大地，威尔逊心想："我现在应该赶快鸣枪叫他们来救我，不然我非死在这鬼地方不可。"于是，他拔枪朝天打了第一枪。

枪响过后，威尔逊并没有盼到自己的队友来救助自己，他以为是另两个队友没有听到自己的枪声，于是他朝天空开了第二枪。

第二枪响过好一阵子，仍不见有人到来，威尔逊开始着急了，心想："他们肯定听见枪声了，却不来救我，这一定是他们两个计划好的一场阴谋。"威尔逊越想越气愤，于是决定往回走，并随手朝天开了第三枪。

第三声枪响过后，威尔逊加快了往回走的步伐，并在心里咒骂起同伙来："这些谋财害命的家伙，设计好了圈套让我来钻，我死了，他们就可以分我的财产，抢占我的房子。我要诅咒他们全部热死在沙漠。"想着想着，他又开了第四枪。

第四声枪响以后，威尔逊觉得自己就像被困在沙漠之中，孤身独斗的恶狼，丝毫看不到希望，绝望的他打出最后一枚子弹。当威尔逊的同伴带着寻找到的泉水，汇聚到枪声响过的地方时，发现他早已倒在地上，原来，他把最后的一颗子弹射进了自己的头颅。这无疑是个悲剧，一个本来可以避免的悲剧。

可以说，威尔逊不是被沙漠热死的；不是被渴死的。而是被他的不信任杀死的。因为他不相信自己的同伴，因为他没有凝结在一起的团结精神，导致了他最后的悲愤与绝望。

在西点，训练有素的学员是不会出现这种情况的，他们总是充分信任自己的伙伴，他们知道，只有信任才能保证团队最强大的战斗力。

同样，对于一个青少年来说，在与人的相处过程中，信任同样扮演着重要的角色。例如当你处在一个长期运作的组织中时，最关键的就是要建立起成员间的彼此信任。没有信任就没有合作，没有合作就没有团队，没有团队精神就意味着这个利益共同体迟早要被淘汰，到那时候，个人的利益同样不复存在。所以，青少年要想成为一名成长在优秀团队中的优秀成员，首先要先懂得信任你的伙伴。

信任是人与人融洽相处的根基，互信能够促进彼此间的沟通和协调，互信还能够帮助我们脱离险境，收获成功。缺乏信任，只会让团队充满了猜忌和利益纷争，最终全军覆没。

提升情商箴言

我们必须懂得信任伙伴并赢得伙伴的信任，要懂得诚实、正直、不欺骗、不夸大，及时地与别人分享信息和资源。要知道，真正成功的人不是靠技巧，而是靠内在的品德修养。真正成功的团队，靠得不是策略，而是彼此间的信任与支撑。

记住：要合作，不要竞争

没有哪个组织能比西点军校更加强调队员自力更生的能力，也没有哪个组织比西点军校更加重视团队精神。这种理念表面看上去很矛盾，实际上正是一种相辅相成的关系。也就是说：每一位西点队员首先必须尽可能地积累自己的知识，丰富自己的技能，以及足够的独立生存能力，然后才能做到为自己的团队出谋划策。

西点新学员的训练过程，同时是一个自我发现的过程，因为每一名新学员都要应付面前的挑战，都要尽量挖掘自己的潜质，这是培养团队意识的开端。事实上，从协同工作中得到的精神力量是自下而上的。西点的团队精神从一个进攻小组的3名学员开始，之后他们的热情会与其它小组合并，通过横向和纵深发展，遍及所有的学员。新学员在此过程中意识到，自己必须首先取得个人的成功，才能对自己所在的团队有裨益；无论是对组、对班、还是对排，甚至是更大的队伍来说都是如此。所以，西点的每个基本训练项目的基本宗旨是在提高团队活动的效率，并通过竞争式的训练，实现竞合的目的。

所以，即使是最传统的“单人”活动，西点也对其进行了修改，以促进团队合作和竞争意识。例如西点从前的角力棒搏击本是绝对的“一对二”的比赛。由来自不同排的两位选手头带橄榄球头盔，相互对峙，等哨音一响，便用角力棒展开搏击，直到其中的一方被“击毙”为止。而现在，西点学校将其改成，两队新学员围成内外圈，士兵不仅要知道如何为自己而战，更要知道如何保护自己的同伴。如果这期间同伴被“击毙”，剩下的士兵则不得不代表全队与敌人作战。

这样，学员就能够在竞争中学会团结，在防卫和攻击中学会合作。

哈佛商学院教授罗莎贝斯·莫斯·坎特曾说：“把你的竞争对手视为游戏的双方而非敌人，将会更有益。”

在当今的社会生存环境中，经济规模和市场进入门槛的条件，以及进入后的资金运作方式已经发生了根本改变。这种形势下，已经不适合原始竞争，不适合长期的自然过程的竞争。美国公司界有这样一句名言：“如果你不能战胜对手，就加入到他们中间。”当竞争越来越激烈，越来越残酷的时候，竞争也就变得越来越智慧，越来越理性。最重要的是，竞争不再是“你死我活”，而是更高层次的竞争与合作，追求的不再是“单赢”，而是“双赢”和“多赢”。

新加坡航空公司、瑞士航空公司与美国德尔塔航空公司之间达成协议，三方协调航班，分派预订机座、维修保养及地勤服务等事务，既降低了彼此间激烈竞争的“磨擦”费用，又可共享垄断带来的巨大利润。这种联盟有效地克服制造商和经销商各行其是，各自为战的弊端。还比如英特尔公司异常注重其产品的经销商——电脑公司及软硬件商的密切合作，IBM、微软公司都是其合作伙伴。实行这种整合方式可以避免两败俱伤的发生，从而最大限度地实现资源共享，避免了竞争导致的资源浪费。

由此可见，与竞争对手的联合与共享、共生与共荣早已成为现代竞争的主流。它不仅可以在竞争的市场环境中，打破原有的生产空间、技术独占的限制，实现供给和需求资源的自由对接，还可以创造新的利润空间，并将合作伙伴先进的思想、技术和经营战略，吸纳到自己的体内。

所以，青少年们必须从中汲取经验，无论你处在哪一阶层，团队都绝不是你的避风港，竞争也代表不了战斗力。你必须像西点的学员那样，时刻表现出积极进取，不断向前推进的态势，并学会与同伴间的相互掩护，相互促进，从而更快速地实现最终的目标。

提升情商箴言

当合作有了发展，合作中个人就会因此而发展。所以，需要每个人都要有以大局为重的认识，注意义、利并用，在竞争与合作中寻求属于自己的那片天空。

团队利益高于一切

西点军校著名将军巴顿说：“每一次军事行动都要有清晰、明确和现实可行的目标。”这句话所要说明的不只是一种军事策略，更强调了在行动之前，对于利益和目标的一致性。当每个人都一致的认可了团队利益，并信奉团队利益高于一切时，才有取得胜利的可能。

西点军校在培养现代型的管理者时，为了避免管理陷阱的发生，他们实行的一个最主要的训练策略就是创造一个团队“共同的敌人”，以此激励众人团结起来打倒它。例如，西点新学员可以以学长为“共同的敌人”，建立起新学员的奋发精神。

其实，这种“共同敌人”的寻找，是建立了一个假想的团队目标，并对“敌人”进行了重新的定义。只有这样才能最大限度地激发学员的团队荣誉感和协作力。因为，战争的最终目的就是消灭敌人的有生力量。为了达到这个目的，西点军校指挥官制定了一系列硬性目标，如攻占关键城市、交通要道，而且各级部队要协同作战，共同完成任务，实现团队利益。由于团队目标的一致性，团队成员总是能高效地完成预期分配的任务，实现团队的整体利益。

我们都知道，要想将一群人组建成一个团队需要团结的力量，更需要在利益和方向上达成共识。这种共识和利益一致性将大大推动学员达成目标的主动性，因为当团队所追求的目标对每一个成员都很重要时，整个团队的气势也将大大增加，整个团队对于实现目标的渴望就更加的强烈。

所以，如果你是管理者，就必须能为团队制定共同的利益目标。如果你是团队成员，就必须懂得团队利益高于一切的原则。相反，如果管理者或队员只强调个人的工作绩效，而忽略了团队的整体效益，那么团队的目标将出现分支，人们的力量和决心也会出现分散和弱化。对于团队和个人利益的实现都势必产生阻碍，所有的员工自然必须更努力去达成团队的目标。

例如，一个球队就是一个再典型不过的团队了，足球队一般由前锋、中场、后卫、守门员构成，球队的共同利益和目的就是要赢球。可为什么我们常常看到同样的球员组成，换了不同的教练，成绩就会有很大的差别呢？

原因就在于，当教练换了，球队所遵循的训练方法和原则也就因此变了，这会影响整个球队的风格和士气，甚至是整个球队对于团队的利益认识。

既然一个足球团队的共同目标就是要“赢”，那么，团队的所有成员都要认同这一共同利益和目标，并自觉遵循为达成目标所设定的一切规则和程序，所有成员都必须知道维系一个良好的团队的方法是什么，自己的任务又是什么，以及如何协调与队员的合作，这就是管理者需要掌握的方法。

对于西点学员来说，他们十分尊敬那些为建立国家而英勇斗争的前辈。不仅是因为他们的勇气和自我牺牲精神，更佩服他们的远见卓识和团队利益高于一切的使命感。因为他们知道自己在为一个有潜力、能为人民创造幸福的国家而战。而这一团队共同的目标使他们产生了无限的力量，这种力量无论对个人还是国家来说是不可或缺的。

青少年在人生道路上会遇到各种展现自己的机会，也难免会为了突出个人而忽略了团队利益。所以，从现在起，每个青少年都必须懂得把自己的利益放置于集体利益之后，当你明白团队利益高于个人利益时，你个人才能也将会通过团队这个渠道发挥出更夺目的光彩。

团队利益的实现需要个人利益的牺牲，优秀的人总能把团队的利益放在个人利益之上，这是完成任务，实现自身价值必须付出的代价。

正如为了完成任务，西点学员可以先牺牲个人的目标，来配合队员实现团队的共同目标。这也是每一个人必须具备的优秀品质。国家利益高于集体利益，集体利益高于个人利益。从此我们可以看出，所有个人的利益均包含于团体利益之内，如果没有团体利益的实现，个人利益也不会得到长久的发展。

提升情商箴言

无论你的目标是什么，你都必须把自己的目标放在集体目标之下，并坚持团队利益高于一切的原则，只有这样你才能收获最终的成功。

个人的成长离不开团队的力量

西点毕业生、东方航空公司总裁法兰克说：“世界上从来就没有孤胆英雄。如果说有，那种英雄之气是真实地存在于他身后的队友们身上的，英雄只能是一个团队。”

西点军校是培养将军的地方，但是团队精神更是他们所推崇和强调的。试想如果每一位西点毕业生都只注重个人英雄主义，那么整个军队如何发挥合作效应，如何彼此结合成一个有效的团队呢?

在西点军校有一道独特的毕业墙，所有学员必须翻越它，才能拿到毕业证书。关于这道毕业墙，有这样一段来历。

在西点军校第46期学员毕业的前一天晚上，学员们执行离校前的最后一次水上巡逻任务，因为是最后一次巡逻，大家都没有认真地驾驶，导致巡逻艇撞上了海面上的油轮。因为是深夜，没人注意到这件事。当时所有学员都很着急，此时要想活命就只能爬上油轮高达4.2米的甲板。但是，艇上没有任何攀爬工具，唯一的方法就是搭人梯爬上甲板。后来，学员们全力合作，成功地搭建了人梯，才逃过一劫。

之后，学员们把事件经过报告学校，西点军校受此启发，在学校的训练场上搭起了高达4.2米的墙，每一期学员以60人为单位，必须在15分钟内全部爬上高墙才能获得毕业证书。从此，每个西点军校的学生都要爬过这座墙才能算毕业，以致这面墙有了“毕业墙”的称号。

卓越来自高效的团队。一个人能力再强，离开了团队的力量，也成就不了辉煌的事业。这是西点人的人生理念。

雁群在天空中飞翔，一般都是排成“人”字阵或“一”字斜阵，并定时交换左右位置。生物专家经过研究后得出结论：雁群这一飞行阵势是它们飞得最快、最省力的方式。因为在飞行中，后一只大雁的羽翼，能够借助于前一只大雁的羽翼所产生的空气动力，使飞行省力。一段时间后，它们会交换位置，目的是使另一侧的羽翼也能借助于空气动力缓解疲劳。

大雁靠着团结协作精神，才使得自己凌空翱翔，完成长途迁徙。大雁如此，人也只有具备团队精神，与别人团结协作，才能克服个人无法克服的困难。

第二次世界大战期间，德国柏林东南有一座战俘营。为了逃脱纳粹的魔爪，250多名战俘准备越狱。在纳粹的严密控制之下实施越狱计划，要求战俘们进行最大限度的团队合作才能确保成功。为此，他们明确地进行了分工。

越狱的行动都是经过精心设计的，所以比较复杂，首先要挖地道，而挖地道和隐藏地道则极为困难。战俘们一起设计地道，动工挖土，拆下床板木条支撑地道。处理新鲜泥土的方式更令人惊叹，他们用自制的风箱给地道通风吹干泥土。他们还制作了在坑道运土的轨道和手推车，在狭窄的坑道里装上了照明电线。

所需的工具和材料之多令人难以置信，30张床板、1250根木条、2100个篮子、71张长桌子、31把刀、30把铁锹、70英尺绳子、2000英尺电线，还有许多其他的东西。为了搞到这些东西，他们绞尽了脑汁。此外，每个人还需要普通的衣服、纳粹通行证和身份证以及地图、指南针及干粮等一切可以用得上的东西。

担任此项任务的战俘不断弄来各种工具，其他人则有步骤、坚持不懈地贿赂看守。

每个人都有各自的分工，做裁缝、做铁匠、当扒手、伪造证件，他们日复一日地秘密工作，甚至组织了一个掩护队，专门吸引德国哨兵的注意力，另外，他们还要负责“安全问题”，德国人雇用了许多秘密看守进入战俘营，专门防止越狱，战俘“安全队”负责监视每个秘密看守，一旦有看守接近，就悄悄地发信号给其他战俘、岗哨和工程队员。

由于众人的密切协作，在一年多的时间内，他们竟然奇迹般地躲过了纳粹的严密监视，越狱成功。所以，个人英雄主义是无法赢得胜利的。

现代社会不再是个人英雄主义的时代，一个人再优秀，凭借一己之力也很难取得成功，只有借助集体的力量，才能取得更大的成就。

提升情商箴言

在生活和学习中，青少年要提高修养，开阔心胸，坚持宽容、友好的心态，树立合作意识，锻炼自己的团队精神。

第15课

细心让人更加出色

西点严格要求每个学员都将自己身边的每一件小事做好。细节是平凡的、具体的、零散的，一句话，一个动作，一件小事，细节很小，很容易被人们忽视，但它的作却是不可估量的，所以有人说“细节的问题，根本上是素质的问题”，小事成就大事，细节成就完美。

从大事着眼，从小事做起

在西点军校，如果对日常的小事、细节感到乏味、厌倦不已，始终提不起精神，或者因此敷衍应付差事，勉强应对工作，将一切都推到“做大事不拘小节”的借口上，那么将会受到训斥。

西点军校不仅培养了大量的优秀军官，而且200多年来，它已成为全美最有效的高级管理人才培养基地，特别是在细节方面，西点军人做得非常出色。他们坚信，粗心大意和鲁莽行事是军人的大忌，一个不注重细节的人，在战场上是不可能有冷静的头脑和过人的分析能力的。

凭借认真负责的态度，学员们才出色地完成了各项训练。他们也明白了这个道理：细节既能促使一个士兵成长与进步，也可能导致一场战争失败，绝对轻视不得。

密斯·凡德罗被誉为20世纪世界最伟大的建筑师。有一次，他被要求用一句话来描述自己成功的原因，他只说了五个字：“魔鬼在细节。”密斯·凡德罗反复强调：“如果对细节的把握不到位，无论你的建筑设计方案如何恢宏大气，都不能称为成功的作品。”

苏联宇航员加加林因为在1961年成为世界上第一个进入太空的人而名垂史册，成为人们敬仰的英雄人物。英雄的成长过程是否充满了传奇色彩呢？事实上，加加林能够从诸多优秀的备选宇航员中脱颖而出，所凭借的只是一个微小的细节。

在确定宇航员的过程中，经过层层筛选，有二十多个人进入了最后的环节，他们每个人的知识储备和身体素质都符合要求。作为“东方1号”航天飞船的主设计师，科罗廖夫要确定最后的人选，这让他举棋不定。

在一次宇航员培训过程中，科罗廖夫忽然发现了加加林。因为在所有进入飞船的宇航员中，只有他一个人将鞋子脱下来，穿着袜子进入座舱，以免给机舱里带进灰尘。这个举动深获科罗廖夫的青睐，因为他为飞船倾注了无数心血，而加加林的举动正表示出他对科罗廖夫工作的尊重。最后，科罗廖夫决定让加加林来执行人类首次太空飞行的神圣使命。

“第一个进入太空的宇航员”的荣耀，让加加林被人们永远铭记，而他的这一成功正是来自对细节的重视。

由此可见，注重每一个细节，是认真负责的体现，也是取得成功的重要条件。不论是做人或做事，都应当从大处着眼，从小事做起。

第二次世界大战期间，德国为切断英国与欧洲大陆之间的海上交通，投入了大量潜水艇偷袭英国船只。由于大不列颠是个岛国，海上运输对它来说至关重要，英国军方冥思苦想，想了很多办法，但都不能准确锁定德军潜艇的位置，这样一来，打击敌潜艇也就无从谈起。

一天，英国军官托马斯少校正在军舰的甲板上向远处眺望，忽然发现不远处数百只海鸥都向一个目标飞去，他感到很奇怪，于是命令军舰开到那个目标附近，一看才知道是海鸥们正在分食一具鲸的尸体。这种情况在海上也是常见的，托马斯却灵光一现，找到了对付德国潜艇的好办法。

托马斯首先让英国的潜水艇在海里不停地上下沉浮。每当潜艇浮出水面时，就立即通过飞机在潜艇周围海面上抛洒食物，海鸥有成群争食的习性，每次都会有大批的海鸥聚集过来。

时间一长，海鸥们形成了条件反射，把浮出水面的潜艇或潜伏在水下的潜艇的黑影作为进食信号，只要一见水底下有潜艇活动，海鸥就立即在海面上追随盘旋。这时候，英军加强了海上监控，只要看到大批海鸥在海面盘旋，就马上采取行动。德方万万没有想到英军想出这么个招数，自家的潜艇一浮出水面，总会遭到英国人飞机和军舰的猛烈打击。海鸥成了英军的“情报员”。

时至今日，在英国格里姆斯比城的海滩公园，还可以看到这样一组石雕：一群海鸥在空中盘旋，它们的下方是德国潜水艇。英国国防部的作战守则记录了这个精彩战例，后面有段总结的话：“与敌人狭路相逢时，强者往往未必能取得胜利；善于观察、把握细节的一方，才能真正取得胜利。”

在和平时代，我们所能做的不可能是什么惊天动地的大事，更多的是一些平凡而琐碎的小事，但我们一定要把小事做好，尽可能地做好每一个细节。

提升情商箴言

“最聪明的人设计出来的最伟大的计划，执行的时候还是必须从小处着手，整个计划的成败就取决于这些细节。”西点军校第53任校长帕默将军如是说。

成大事须从细节突破

许多时候，一件看起来微不足道的小事，或者一个毫不起眼的变化，却能改变一场战争的胜负。天下大事必做于细，西点军校要求每一位军官和学员始终保持高度的注意力和责任心，始终具有清醒的头脑和敏锐的判断力，能够对战场上出现的每一个变化、每一件小事迅速作出准确的反应和决断。

士兵每天做的工作就是队列训练、战术操练、巡逻排查、擦拭枪械等小事。西点学员必须认真完成这些小事，在反复训练中养成好的习惯。

青少年大多痴迷于宏远的目标，渴望成就大事，得到众人的瞩目。但是，再伟大的理想都必须从小事做起，要从细节起步。空有大志，却无法按部就班地执行好细节，注定一事无成。

注重细节，就要勤动脑，勤动手，力求把所有的事情秩序化、规范化、流程化，就要比别人花费更大的工夫和精力。人的精力毕竟有限，经手的事情太多，所以，做事的时候要时时刻刻保持战战兢兢，如履薄冰的心态，抓大事不忽视小事，放眼全局不忽视细节，这样才能打个漂亮仗。

没有做好“小事”的态度和能力，做好“大事”只会成为“无本之木，无源之水”，根本成不了气候。可以这样说，平时的每一件“小事”其实就是一个房子的地基，如果没有这些材料，想象中美丽的房子，只会是“空中楼阁”，根本无法变为“实物”。

许多青少年因为事小而不屑去做，对待小事常常不以为然。有一个关于古希腊著名先哲苏格拉底和其名徒柏拉图的故事，说明了做与不做之间的巨大差别，也使善于做“小事”可以成就“大事”这个观点更具说服力。

在课堂上，苏格拉底对学生说：“今天大家只要做一件事就行，你们每个人尽量把胳膊往前甩，然后再往后甩”。说着，他先给大家作了一次示范。接着他又说道：“从今天开始算起，大家每天做300下，大家能做到吗？”

学生们都自得地笑了，心想：这么简单的事，谁会做不到？可是一年过去了，等到苏格拉底再次走上讲台，询问大家的完成情况时，全班大多数人都放弃了，而只有一个学生一直坚持着做了下来。这个人就是后来与其师齐名的古希腊大哲学家——柏拉图。

“这么简单的事，谁会做不到？”这正是许多人的共同心态。但是，世界上所有人与事，最怕“认真”二字。所有学有所长的成功者，虽然一开始，他们与我们都做着同样简单的微不足道的琐事，但是结果却大相径庭。

仔细分析不难发现：能成功者，他们从不认为他们所做的简单的小事，他们始终认为，现在所做的“小事”是为今后的“大事”做准备，他们目光所及之处，是十分辽阔的沃野，是浩瀚无边的大海，而常人眼中，现在所从事的工作，只是毫无生机的蓑草和茫茫无目标的沙漠。

在日常工作中，那些看似繁琐，不足挂齿的事情比比皆是，如果你对工作中的这些小事轻视怠慢，敷衍了事，到最后就会因“一着不慎”而导致“全盘皆输”。所以，在处理小事时当引起重视。事必做于细，要想把每一件事情做到无懈可击，就必须从小事做起，付出你的热情和努力。

“如果一切归于有序，决定成败的必将是微若沙砾的细节。”“一树一菩提，一沙一世界”，生活的一切原本都是由细节构成的。青少年要善于在学习、工作中对细节把握到位，这样就能建立起成功的基石。

第一，善于大处着眼，小处着手。做事的时候，不但要善于着眼大局，还要在执行的过程中从小处着手，从而实现完美的行动过程。即便自己的构想再宏大，如果失去了对细节的把握，那么也会遭遇失败。

第二，加深对细节的认识和把握。做任何事情都有自己的细节，而且这种细节是独特的。为此，需要深入细节中获得经验和体会，获得独到的认识，从而从整体上把握大局。

1909届西点军校毕业生巴顿将军说过：“要想做大事，首先要能够处理小事才行，而且全力以赴。”如果一切归于有序，决定成败的必将是微若沙砾的细节。

提升情商箴言

生活的一切原本都是由细节构成的，大的方向确定之后，只有把握好细微的环节，才能在做人的过程中赢得人心，在做事的过程中顺利达成目标。

关注的是细节，体现的是态度

注重对新学员的细节训练，是西点学校的一大特色。每天，西点学员都要接受服装仪容的检查，包括皮鞋、扣环擦亮，上衣正确扎进裤子或裙子，衬衫衣叉和裤缝对直成一条直线……不要小看这些细节，那些从西点军校走出的杰出人士无不是立足于细节，从而取得了非凡的成功。

战场之上，微小的疏忽就会导致惨败。因此，军人必须有着严苛的工作态度，不放过一丝一毫的纰漏。于是，我们看到的是残酷而又公正的西点文化，而西点学员在这种环境里也养成了一丝不苟的工作态度。

西点人相信，并不是只有少数人天生具有成功的特质，而是每个学员都具有成为优秀者的潜力。过分追求细节，与其说是达到完美的地步，不如说是在追求一种认真、负责的态度。因为西点人一直相信，能够把小事做好的人，他做别的事也不会差到哪里去。

生活中，青少年大多粗心大意，还被冠之以“不拘小节”。这说法，存在很大疏漏。查尔斯·狄更斯在他的作品《一年到头》中写道：“有人曾经被问到这样一个问题：‘什么是天才？’他回答说：‘天才就是注意细节的人。’”你可以具有战略眼光，但是不能因此轻视细节。

在西点，许多学员的晋升，可能就是那么一两次把小事做好的人。

那些对自己的本性毫无认识，永远不屑于做细微之事的人，永远成就不了任何大的功业。

有一家公司引进了德国设备，德国工程师在设备安装调试验收时，发现有一个螺丝歪了，但是它的紧固度没有问题。这时，另一个国家的工程师却认为这没有什么大不了的，所有六角螺丝的紧固度不可能都一丝不差，差不多就行了。

德国工程师却坚持说：“不，这完全可以做到。六角螺丝歪了，是因为在拧这个螺丝的时候，没有按规范标准进行操作”。后来调查发现，是另一个国家的安装工人出了问题。按照技术操作标准要求，上这些大螺丝需要两个人共同完成，一个人固定扳手，另一个人拧螺丝。可是，操作人员却是一个人上螺丝，另一个人去休息了。

众所周知，德国人以讲究精确闻名，在墙上钉一幅画也会拿尺子量，以确定钉子的具体位置。这种关注细节的态度与西点精神是一致的，都是成就卓越的基础。

关注细节，目的是培养自己认真、负责的态度。最重要的是，在日常生活中从小事做起，从细节起步，踏踏实实、认认真真干好每一件事。培养认真负责的态度，青少年必须把握好下面几点。

第一，丢掉马虎思想。一个人如果只是想勉强完成工作，那么，他做起事来就会马马虎虎，稍遇困难就会打退堂鼓，很难想象这样的人能够始终如一地去把自己的工作做到位。如果你不能使自己的全部身心都投入到工作中去，你就难得到成长和发展的机会，无论做什么工作，都可能会沦为平庸之辈。

第二，重视小事情。事情不分大小，所谓大事小事，只是相对而言。很多时候，小事不一定就真的小，关键是做事者对它如何认知。那些真正伟大的人物从来都不蔑视日常生活中的各种小事情。即使常人认为很卑贱的事情，他们也都满腔热情地去干。而那些常常对小事嗤之以鼻，不屑一顾的人，大事是很难成功的。

第三，消灭“差不多”心理。生活中，完善自己的责任意识，并不是一个不可实现的梦。有时，我们所缺少的不是技术、设备、流程和理念，而是敬业精神，消灭这种“差不多”的心理。只要我们每个人都抱有消灭“差不多”的决心，把事情尽可能地做到尽善尽美，就能很快让自己成长、完善起来。

第四，认真比什么都重要。做大事不拘小节，固然是一种处事态度，但这往往也是一种很危险做法，不拘小节有时会误大事的事例不胜枚举。无论是在工作还是生活中，做事认真仔细，才能把事做得尽善尽美。

西点毕业生、美国在线前首席执行官詹姆斯·金姆斯认为：“大事往往蕴含在小事之中，细节是完美的最好体现方式。”做任何事情，最重要的是态度。对青少年来说，让自己放下差不多的心态，对自己严格要求，凡事尽心尽力去做，不敷衍、不拖拉，日积月累总有一天能够获得成功。

提升情商箴言

许多青少年总是放低对自己的要求，成为“差不多先生”。这样做的危害在于，在空耗日子中浪费了时间和年华。

在细节中发现真知

西点军校的纪律严明是出了名的，尤其对一些细节更是加倍重视。在列队集合的时候，有没有系好皮带，衣叉和裤缝有没有对直成一条线……都是日后用来考核一个学员是否合格的标准。

在西点人看来，一个合格的学员，一定是能在细节上下功夫的。同样，一个有责任心的人肯定是注意细节的。如果忽视细节，进而无法从中获得有价值的信息，甚至错过了精准判断的机会，那么这样的人难以担当重任。

一位公司老板出差，便安排员工去买车票。这看似很简单的一件事，却可以反映出当事人的工作态度及其工作能力，也可以大概推测出今后工作的前途。

有这样两位秘书，一位把车票买来，就直接交了上去。对于这种做法，老板自然很挠头。

另一位秘书把车票装进一个大信封，并且，在信封上写明列车车次、号位及起程、到达时刻。这个秘书是一位细心的人，虽然她只是注意了几个细节处，只在信封上写上几个字，却帮助别人减少了不少麻烦。

显然，西点军校培养的是后面这种人，能够把事情做到极致，克服细节中的纰漏，达到令人满意的结果。由此可见，要想工作不流于一般，应学会在细节处下功夫。

美国早期的富豪，多半靠机遇成功，唯有约翰·洛克菲勒例外。他并非多才多艺，但异常冷静、精明，富有远见，且是一位积极解决问题的人。

早年的洛克菲勒曾在石油开采工地上打工，他的工作非常枯燥，每天面对着无数的石油罐、焊接剂，每天要看无数遍罐子从传送带送到旋转台，再到焊接剂底下转完一圈，每天做着重复巡视石油罐焊接情况的工作。

他当时觉得非常苦恼，觉得这份工作毫无意义，简直就是阻碍自己人生的发展。于是，难以面对的洛克菲勒就去找主管要求换份工作。但是洛克菲勒却遭到了主管严厉的批评。

洛克菲勒羞愧难当，但是他还是能够体谅主管：主管管理的员工那么多，怎么可能答应每个员工的任何要求呢。所以，他没有继续抱怨，而是悟出了这样的道理：自己的问题自己解决，必须努力在工作中发现规律，找到有价值的东西。

于是，他开始积极面对自己的工作，不断地发现工作中的细节问题，并不断地解决问题。由此，洛克菲勒不仅解决了一系列的难题，而且还用心发明了能够为公司带来巨额利润的产品。凭借用心做事的劲头，洛克菲勒最后成功了，在自己的行业内挖掘到了金矿。

青少年要牢记一点，魔鬼存在于细节。工作上的细节不容忽视，并且这里潜藏着各种有价值的信息、情报。最重要的是，你必须善于发现，进而对整个形势作出正确判断。这种努力和付出虽然在当时无法引起别人的注意，但久而久之，这种工作态度形成习惯后，一定会给你带来巨大的收益。

这种细心的工作态度，取决于对一件工作重视的态度，再细小的事也不掉以轻心，专注地去做才会成功。要知道，能够成为大人物的人，即使要他去收发室做整理信件的工作，他的做法也会跟别人有所不同。这种注重细微环节的态度，就是使自己的前途得以发展的保证。

一部名为《细节》的小说，其题记为：“大事留给上帝去抓吧，我们只能注意细节。”作者还借小说主人公的话做了脚注：“这世界上所有伟大的壮举都不如生活在一个真实的细节里来得有意义。”

细节，就是小节，它不仅具有艺术的真实，而且更具有生活的真实。也许是生活的真实造就了艺术的真实。做事的智慧，在很大程度上需要从细节之处去把握，去发现。那些不愿做平凡小事的人，注定做不出大事，一生都在碌碌无为中空耗时光。

提升情商箴言

西点前校长潘莫将军说："细微末节最伤脑筋。"因为它潜藏了太多信息，需要有心人去研究、发现、判断。忽视细节，不需要耗费太多精力，但是同时你也就失去了有价值的情报。因此，在细节上下功夫，确实需要真功夫。

认真做好每一件"小事"

士兵必须作战，带兵的军官则必须确保士兵的性命不会白白牺牲。布莱德雷将军曾说："二次大战期间，我们抵达莱茵河的时候，我并不知道怎么建造桥梁，但是我知道相关的事情有哪些，我让筑桥的工兵能有足够的时间和补给，这一点是非常有帮助的。"能够对工作了如指掌，那么管理的责任愈大，对自己的帮助也就愈大。

西点深信细节的力量，要求学员养成把小事做到位的习惯。他们一再强调，必须熟知每一个细节，从背诵一些小诗句，到M1 6的构造和使用。

对此，西点前校长潘莫将军也说过："细微末节最伤脑筋。"他的意思是说，即使是最聪明的人设计出来的最伟大的计划，执行的时候还是必须从小处着手，整个计划的成败就取决于这些细节。

追求完美并不困难，就像擦鞋一样易如反掌。只要你学会了把鞋擦亮，对于更重大的事情，同样可以做到尽善尽美，这取决于自己。西点努力训练学员养成追求完美的习惯，使其变成像呼吸一样的本能反应。

一次，一位西点军官对学员说："把每一件简单的事做好就是不简单，把每一件平凡的事做好就是不平凡。"这句话显示了西点注重小事的精神，在平凡之处见证这所西方名校的伟大。

只要坚持做好每一件小事，一样能够创造出伟大的业绩。小处见大，一个小事不愿干、干不好的人，永远成就不了大事。青少年既要胸怀远大的理想，又要认真地干好每一件小事。善于从一点一滴做起，从工作中的小事做起，处处发挥模范带头作用，真正做到“平时能看得出来，关键时刻能站出来”。

纵观那些著名的战争都是由具体的战役组成的，有时候甚至是一次小的战斗决定了战争的走向和成败。因此，西点人深刻明确一点，战场上无小事，工作中也无小事。只要接受了任务，就自始至终做好，执行到位。这是取得成功的关键。

欧洲战神拿破仑之所以在战场上所向披靡，击败了一个个竞争对手，与他不分事情大小追求精确和完美的个性密不可分。

1805年，拿破仑作出了军队从英吉利海峡东岸挥师多瑙河的命令。在整个行军、布阵的过程中，拿破仑逐一过问了各个环节的执行细节，甚至超出了一般军官的管理范畴。这种做法给全军带来了巨大压力，大家在统帅的感染下不敢有丝毫的懈怠，从行军路线、出发时刻到时间控制，拿破仑和士兵们做出了精细的安排、实现了有效的执行。

这种对每个作战细节都通盘考虑的做法，保证了军队完全按照预期的计划出色执行，从而使军队在向多瑙河进攻的战役中获得了巨大成功。而这次行军结束后就是著名的奥斯特里茨大捷，它使拿破仑军队如神兵天降，整个战役的胜利则改写了当时欧洲十几年的政治格局。

西点人相信，一个不注重细节的人，在战场上是不可能有冷静的头脑及过人的分析的，粗心大意和鲁莽行事是军人的大忌。所以，西点严格要求每一个学员将自己身边的每一件小事都要做好。

对青少年来说，某段时间内有很多大事要做，但具体落实到每一个月，每一个星期，每一天，就是一件件小事。最重要的是，千万不能忽略这些小事，一件小事的失误，可能直接影响到你的发展与成败。

希尔顿饭店的创始人、世界旅馆业之父希尔顿就是一个注重“小事”的人。希尔顿要求他的员工：“大家牢记，万万不可把我们心里的愁云摆在脸上。无论饭店本身遇到何等的困难，希尔顿服务员脸上的微笑永远是顾客的阳光。”正是这小小的永远的微笑，让希尔顿饭店的身影遍布世界各地。

有一次，戴尔公司的麦迪需要处理一个关于会议通知的电话记录，在回复通报参会人员时，却不知对方的电话；在转接一些咨询电话时，有时却将业务室的电话张冠李戴。这些小事说明麦迪的工作还没用心，业务还欠熟练，需要学的东西还很多。

由此可见，要做好每一件小事，还要经常磨砺自己，提高业务素质，培养良好的工作作风，做个老实的人、负责的人、乐于奉献的人。

“千里之堤，溃于蚁穴”，工作中的事情不分大小，都要尽心尽力地做好，才能获得圆满的成功。

西点人认为，将任何有意义的事情做好，是你成功的预演。因为你比别人多付出，你在实际工作中也比别人想的更周到，这样的人才会在未来的日子里有更大的成就。

成就决非朝夕之功，凡事必须从小做起，只要有意义，就要抛弃所有的借口，认真执行到位。记住：你不会一步登天，但你可以逐渐达到目标，一步又一步，一天又一天。别以为自己的步伐太小，无足轻重，重要的是每一步都踏得稳。

总结成功者的经验可以发现，做事尽力完美、正确是获得成功的重要品质。工作中取得越大的业绩，越需要我们付出更多的努力和艰辛。这种做事的复杂程度超过以往的种种情形，需要我们通盘考虑、审慎对待，才能做到万无一失。因此，不要因为一些事情琐碎就不屑一顾，把小事做好，也是不简单的。

提升情商箴言

西点军校1971年毕业生托马斯·梅茨中将说：“能不能做成一件事，关键是看你认真了没有。”认真做好每一件“小事”，你将获得整个世界，所有的成功与荣誉都会随之而来。

第16课

懂得不断完善自己

有人说："进入西点军校学习的人，能从这儿毕业出去，就是一个自我完善的过程。"其实，人生是一个不断完善自己的过程，在这个过程中我们不断蜕变，不断完善自己，最后才能没有遗憾地回头看看走过的路和人生。

不经百炼，难以成钢

泰戈尔曾说：只有经历地狱般的磨练，才能练出创造天堂的力量；只有带血的手指，才能弹出世间的绝唱。磨练是每个强者必须经历的事，哪怕是雄鹰也得经过暴风雨的洗礼才会显得矫健；哪怕是大树也得经过日晒雨淋和践踏才会茁壮成长。试问当今世上，哪位伟人没有经过磨练，没有碰到过逆境？是磨练，让我们有了成竹在胸的自信；是磨练，让我们有了钢铁般的意志；是磨练，让我们走向了成功之路。

戈塞尔斯曾在一封信中谈到毕业于西点军校的巴顿的事迹："在我们相处的日子里，他跟我谈过很多公事私事。他说，他想在军校达到三个目标；在队列训练中夺冠；到四年级时升为学员副官；在田径项目上打破学校纪录达到A级运动员标准。毕业时，他的三个目标果然全部实现了：队列训练成绩第一；刷新了几项田径项目纪录；还当上了学员副官。"

其实，巴顿争当学员副官的原因有两个：第一，出于对父亲的尊敬和爱戴。因为他的父亲曾是弗吉尼亚军事学院的学员副官，巴顿决心要继承父亲的传统；第二，学员副官是军校全体学员的头，是阅兵队伍之"星"，是军人和荣誉的象征。在练兵场上，他昂首阔步，对检阅台做各种示范动作，令人称羡，而这正是视荣誉如生命的巴顿所向往和追求的。

对这两点的追求更加坚定了巴顿的信心，他知道，成功来自长期不懈的努力，成功来自于各种各样历练，以及全力以赴的拼搏。所以，巴顿自幼立志做一名军人，一个名副其实、本领过硬的斗士。他认为军人的职业最需要的就是勇敢和献身精神，这是其它任何职业都无法比拟的。他虽然从小养尊处优，但却宁愿选择艰苦和冒险的军旅生涯，并且全心全意地爱上了这一职业。就是为了在行动中磨练自己。

他的一位西点同学回忆说："巴顿的衣食住行全是军事化的，甚至可以说连他的爱情也是军事化的……要找出一个如此献身于军队的人，的确不容易。”

在四年级时，巴顿一直在为选择哪一个兵种而冥思苦想。首先他排除了炮兵，因为火炮离短兵相接的前线太远。其次，他考虑过步兵，因为步兵有较多晋升的机会。但步兵军官与他所崇拜的‘骑士”差距甚远。最后，他选择了骑兵，这不仅因为骑兵符合他向往的骑士精神，而且还因为据说骑兵最能磨练一个人的意志。

1909年6月，巴顿毕业了。虽说他花费了5年时间才读完所有的课程，但仍取得惊人的成绩。他是学校跨栏赛纪录的创造者，同时还是优秀的击剑运动员和步枪、手枪的特级射手。他以标准的着装、优美的军姿、出色的领导才能成为西点军校的骄傲和关注的中心。更为重要的是，他以惊人的毅力和意志战胜了“阅读失常症”，克服了摆在他面前的一个又一个障碍，各个科目都取得了令人满意的成绩。他比别人付出了更多的劳动和汗水，经历了常人无法承受的历练，因而才获得了更多的荣誉和成果。

这就是西点精神的充分展现，巴顿通过自己的个人行动诠释了百炼才能成钢的道理。他用行动向人们昭示了磨练对于一个人成长乃至成功的推动作用。

所以，青少年们都要像巴顿这样，在心底里给自己一个信念，给自己打造一个坚强的内心，去面对所有的磨难和困苦，当你咬紧牙关度过了一个又一个艰难险阻时，你才会发现，过去的所有经历都变成了别人无法夺去的宝藏，正是这一个又一个的磨练，才打磨出了一个光彩夺目的你。

提升情商箴言

磨练是人生的一大笔宝贵财富。四肢越磨练越发达，脑筋越磨练越灵活，心灵越磨练越坚毅。唯有经历磨练的人生才能过得充实，唯有经历磨练的青春，才会更加光彩照人。

学习能力就是竞争能力

历史上，西点军校以培养体魄强健的勇士闻名，更塑造了一批独具个性魅力和丰富底蕴的时代精英，这一切都离不开军事训练。

军事训练，本身就是一个反复学习的过程。西点学员在训练中学会了克敌制胜的本领，拥有了更丰富的知识，因此在战场上生存下来，并不断夺取胜利。学习，是一个宽泛的概念，西点教官要求大家随时随地掌握学习的本领，从而全方位提升个人竞争力。下面请青少年来看看西点人是如何通过学习来完善自己的。

1.积累丰富的知识

随着科技水平的日新月异，今天的西点人不仅要成为体魄强健的勇士，更要努力掌握丰富、专业的知识，适应智能化、网络化、科技化作战的需要。多年来，具备深厚的知识底蕴，一直是西点军校孜孜以求的目标，艾森豪威尔将军可以背诵世界地图、麦克阿瑟将军会操作几乎所有的武器……这些都是最好的证明。

一个人知识丰富、精通各项技能，在竞争中就会拥有强大的优势。西点人毕业以后，无论驰骋疆场，还是游刃商场，都能成为行业精英，与他们雄厚的知识背景密切相关。

对青少年来说，面对大好的时光，学好科学文化知识就是在锻造自己的竞争力，这是我们迎战未来的资本。西点军校的科目学习过程是非常严格、艰苦的，没有顽强的毅力和耐性绝对无法过关。这不仅是学习和掌握知识的训练，也是对个人心性、意志的磨砺。为此，必须具备刻苦钻研、勇攀高峰的精神。

数学家华罗庚说："聪明在于学习，天才在于积累。"这句话正是他一生的真实写照。天才不是与生俱来的，而是后天的努力与刻苦钻研产生的。在上海中华职业中学一年半的时间里，华罗庚就读完了两年的课程。15岁那年，他迫于家境困难而辍学。返回家乡后，他一面帮着父亲记账，一面钻研数学。他用六年半的时间，自学了初中到大学的数学课程。正是凭着这种刻苦钻研的精神，华罗庚终于成为举世公认的大数学家。

2.在日常生活中学习做人做事

西点人把每一本书、每一个人、每一件事都当作最好的教材。他们认为，经验和教训是深入浅出、生动翔实的教材，它们极具针对性和实用性，绝非那些脱离实际的所谓理论可比的。

在部队里，聚集了来自各地的年轻精英分子，他们都是经过层层选拔才来到这里的，因此每个人身上都有你值得学习的地方。与战友在一起生活，这种潜移默化的相处过程本身就是一种很好的教育方式。西点学校的严格训练不仅是课堂上的科目练习，也有这种无处不在的做人做事经验学习。

许多有志向的青少年报考西点军校，不完全是为了来这里学习军事作战理论，也是为了同更多有潜力的未来精英相聚、相识，并从多样、前沿的思想氛围中体验这个时代的最强音，学习其它地方找不到的为人处世的智慧。

3.培养终身学习的能力

熟悉各种门类的大量书籍，是每个人都应该具备的重要能力。善于辨别、选择书籍进行阅读，就像一个军人善于选择武器一样，对未来的人生发展和事业大有裨益。这其实是一种自我学习、终身学习的能力。

“养成每天阅读10分钟好书的习惯，20年后你们就都可以来做校长。”这是西点军校前校长乔纳森·威廉姆斯在毕业典礼上的一句话。

显然，比学习知识更重要的是，你要学会如何学习，以及养成善于学习的习惯。

西点学员习惯利用晚上的空余时间，来研究白天的所见所闻、白天所思考的训练方法和各种技巧。经过这一番思考、分析、整合，从中得到的益处，要比白天训练所获的效果高出数倍。此外，他们宁可在衣着上节省，也不会在书籍上节省，很多学员的成功就得益于此。

在西点学校只有短短几年的学习时光，最重要的是从这里走出去以后，继续保持学习的习惯，在以后的工作中凭借强大的学习能力不但提升自己的竞争力。毕业于西点的海德雷上尉说：“在各界做事的人，无论是商业界、交通界还是军界，他们最需要的人才是高等学府培养的、能善于选择书本并活用书本知识的青年。”原因在于，懂得如何学习的人更有发展潜能。

提升情商箴言

严格地说，每个人的一生都在接受教育，都在进行终身学习。从家庭到学校、公司，每个地方都是一个大学校。最关键是，要主动、系统地学习各项知识与专业技能，以及为人处世的道理，那么你的前途必然一片光明。

任何时候都要有忧患意识

西点著名教官杰克·奥姆斯丹说：“如果你们没有迎接突发事故的能力，那么迎接你们的只可能是失败。”西点军校非常热衷于训练军官和学员的忧患意识。这些接受过良好训练的学员也的确具备着高度的忧患意识。

可在实际的训练中，也有个别西点学员并不理解教官为什么对学员、设备和训练如此关注，并严格要求做到万无一失。还有的学生指责教官太教条，或是认为他们只是想赢得赏识和提升。

其实，这些存在质疑的学生还不懂得严格的纪律、高度的忧患意识在战备中是至关重要的。把更多的精力投入到艰苦的训练中才会在部队中引发更多的忧患意识，而要求松懈的指挥官会把他们的队伍推向险境。

我们都知道，氢气球飞得越高，爆炸的可能性越大。一个人在安逸的环境里待久了，其自身的韧性和意志就会在无形中被消磨，就成了潜伏在石崖下颤抖而软弱的企鹅。

在瞬息万变的社会竞争中，无论是一个成熟的有远见卓识的成功人士，还是一个责任感强烈、力求在工作上精益求精的普通人，“居安思危，未雨绸缪”的忧患意识都显得尤为重要。例如，军队如果能在作战过程中时刻保持警惕性和危机感，就可以轻松地应对敌人的进攻，赢得战争的胜利；企业如果在生产经营红火时依然保留忧患意识，在顺境时保持身处逆境时的准备，那么，即使潜在危机不经意出现了，也能有效的抵挡。

每一个自强自立的人都应时刻保持高度的危机感。倘若你是一名企业员工，你就应站在公司的立场上深存居安思危的忧患意识，要常考虑安逸时各种潜伏的危机。祸兮福之所伏，福兮祸之所倚。如果你受到老板提拔了，你更应该有忧患意识，要考虑如果自己辜负了老板的厚望，将会担当什么样的责任?

硝烟弥漫的战场上，没有危机感的军人可能瞬间就会被甩到后面，甚至丢掉性命。虽然说西点学员是在最好的军校受训，但是他们还是有很强的危机感。因为被社会摒弃和淘汰，不仅是学员自己不能忍受的，也是西点军校绝对不允许出现的。

俗话说：“盛时当作衰时想。”在优势或顺境时做文章比较容易，但如果我们一味高枕无忧，躺在优势上睡大觉，那就是最大危险了。

这种优势一旦失去，你就只能面临回天无力的局面了。所以，我们不仅要正视危机，挑战危机，还要正确地对待尚未发生的危机。西点军校就懂得把军队的整体忧患变为每个学员的忧患。

因为西点人懂得，忧患意识教育不能只停留在文字上、形式上，更要深入人心。所以西点坚持在学员中开展形势教育，使广大学员了解大局，认清方向，明确任务，在思想上增强紧迫感，树立竞争意识，并把以团队信誉为核心的忧患意识培养，作为一项重要内容来抓。

作为一个青少年，如果没有危机感就不会有紧迫感；没有责任感就没有进取心，而失去了进取心就等于放弃了未来。因此，每一个青少年都必须发扬西点军校居安思危的传统，无论顺境逆境都不要放松对危险的警惕，万不可做一个只懂得沉浸在成功和安逸里享受愉悦的人。

提升情商箴言

成功和安逸不是永久的，而危机的出现也不会提前让你知道，所以，青少年唯有时刻保持危机感，时刻警惕平静背后的忧患，才能避免遇难，才能守住来之不易的成就。

不合理的要求是磨炼

西点军校培养了无数军事人才和商界精英，让每个人的才华都得以实现，这要归功于它激发学员全部潜能的独特人才培养模式。对此，可以从西点的招生口号中得到印证——“我们将不断地挑战和磨炼你，促使你努力成为一个全面发展的领袖人物。”西点的学生正是冲着这些口号而来的，这也意味着：只要你具备远大理想，西点军校就会努力把你培养成一个全面发展的人才，一位经受得住挑战的时代精英。

所以在西点，无论训练如何严苛，在西点学员眼里都不过是“勇敢者的游戏”，而这些游戏，只有凭借勇气才能克服这些考验。在西点，各项训练是艰苦的，如果你不能忍受而选择逃避或是放弃，那就意味着你将选择离开西点，在“勇敢者的游戏”中，想要胜利就不能退缩，只能前进。不勇敢打败怯懦，你就只能永远躲避它。

在西点军校里，从入学的第一天起，学员就会发现，自己已经被淹没在一个经验的大熔炉里，学校里的活动丰富而复杂，步调紧迫，刚开始时，甚至连思考的时间都没有。但是这一切的活动，以及西点4年课程中的每一点一滴，都是为了教导学员如何去管理自己和磨练自己。因为西点的宗旨就是培养出一批优秀的青年，通过一系列严苛的教育赋予他们管理自己和他人的能力。为此，西点精英训练营设计了一套强有力的课程，涵盖了管理才能的方方面面。

只要你走进纽约州哈德逊河畔的西点校园，就如同踏入了一个以管理为最高使命的文化胜地。从华盛顿、麦克阿瑟、塞耶和巴顿将军等人的雕像到学员彼此之间以及学员对学长所表现出来的尊重和关注，处处都显示出西点无时无刻不在强化优秀的管理方式。事实证明，这套教学体系，不仅能够锻炼学员的体魄和知识，还能锻造学员的心灵。这样的管理教育，对于学员磨练出坚强的性格有着不可磨灭的作用。所以才有西点前校长潘莫将军所说的那句话：“给我任何一个人，只要不是精神病人，我都能把他训练成一个优秀的人才。”

在西点，学员真的是一切都得重新学起，甚至连吃饭、走路、思考，训练营都会教导学员完全抛开从前的习惯，体验全新的方式，以使他们脱胎换骨变成一个全新的人。这种西点独有的训练方式，就是西点成功培训精英的秘诀。

可以说，西点课程的根本，不只是策略或目标，更是一套在不合理和改变中锻造学员个性和能力的方法。

众所周知，人生的因果法则是多劳多得、少劳少得，不劳则不得。因此，无论在工作中，还是在整个人生的成长过程中，做困难的事才是我们最好的选择。因为合理的要求是锻炼，不合理的要求才是磨练。只要你有一个好的心态，把困难当成自己能力长进的阶梯，相信没有什么是你做不到的。

在1888年的大选中，美国银行家莫尔当选副总统，在他执政期间，声誉卓著。当时，《纽约时报》有一位记者偶然得知这位总统曾经是一名小布匹商人，心想：从一个小布匹商人到副总统，他是如何这样快速发展起来的呢？带着这些疑问，他访问了莫尔。

莫尔说：“我做布匹生意时也很成功。可是，有一天我读了一本书，书中有句话深深打动了我。这句话是这样写的：‘我们在人生的道路上，如果敢于向高难度的工作挑战，便能够突破自己的人生局面。’这句话使我怦然心动，让我不由自主地想起前不久有位朋友邀请我共同接手一家濒临破产的银行的事情。因为金融业秩序混乱，自己又是一个外行人，再加上家人的极力反对，便断然拒绝了朋友的邀请。但是，在读到这一句话后，我的心里有种燃烧的感觉，立即决定给朋友打电话，就这样，我走入了金融业。

“经过一番学习和了解，我和朋友一起从艰难中开始，渐渐把事业做得有声有色，度过了经济萧条时期，走上了坦途。之后，我又开始向政坛挑战，最后成为一名副总统。”

这就是莫尔简单的成功之道，他不过是善于挑战困难和看似不合情理的事情。所以，要想成为一个优秀的青少年，你就应当像西点学员那样，就应该像莫尔一样，无时无刻地使自己处于一种全新的思考和锻炼之中。只有这样，你才会发掘出一个全新的自己，在所有不合理中磨练出超凡的潜能和斗志。

提升情商箴言

合理的要求是锻炼，不合理的要求是磨练，所有的成功都必然经历非常规的过程。只有能够在不合理的磨难中坚强地面对，勇敢地向所有不合理发起挑战的人才能够练就非凡的本领。所以，不要害怕出其不意的困难，不要害怕不合理的要求，它们都是你通向成功的桥梁。

向自己的弱点开炮

西点军校历来倡导扬长避短，有缺点就要及时改正的思想。因为，人要想不断地提升自己，就要勇于找出自己的弱点，并进行批评与反思。在西点实际的训练和学习中，学员们也是这么做的。他们都勇于向自己的弱点开炮，深刻剖析自己的不足之处。通过在西点军校的锻炼，学员们在批评与反思中很大程度地完善了自己，也大大提高自身的战斗力和整个团队的素质。

无数优秀的西点军人的成功之路，无不是以“把困难当作挑战”、“把弱点当做对手”的自我激励而开始的。而我们在实际的生活工作中，却常常遇到临阵逃脱、畏缩不前，面对弱点和缺陷视而不见的失败者。他们之所以困顿不前，正是他们漠视弱点，逃避缺陷的性格造成的。

陀思妥耶夫斯基曾说：“倘若你想征服世界，你就得征服你自己。”著名的推销员帕蒂的成功就是一个很好的案例：

帕蒂年轻的时候，有一天，他来到巴黎附近的一座教堂推销保险。当他滔滔不绝地向一位老牧师介绍投保的好处时，老牧师一言不发，只是很有耐心地听他把话讲完，然后用平静的语气说：“听了你的介绍，丝毫不能引起我对投保兴趣。年轻人，先努力去改造自己吧。”

“改造自己？”帕蒂大吃一惊。“是的，你可以去诚恳地请教你的投保户，请他们帮助你改造自己. 我看你还算是有头脑的人，倘若你按照我的话去做，将来一定会做出一番成就的。”

帕蒂接受了老牧师的教诲，于是，他策划了一个“批评帕蒂”的集会。集会的目的是让别人能坦率地批评自己，为此，他确定了下列三项原则：

一、集会上人人都能畅所欲言，但参与集会的人最多只能是五个。

二、为了要让更多的人都有批评的机会，每次邀请的对象不能相同。

三、既然是他主动邀请别人来的，来者就都是他的贵宾，一定要热诚地予以招待。

当一切准备就绪，他立刻去拜访几个关系较好的投保户，诚恳地对他们说：“我才疏学浅，又没有上过大学，因此连如何反省都不会，所以我决定召开帕蒂批评会，恳请您抽空参加，对我的缺点加以指正。”这些人觉得这种性质的集会很有意思，都很爽快得答应了。

帕蒂策划的批评会终于如期开场，他觉得自己就像是砧板上的一块肉，等着任人宰割。第一次批评会就使帕蒂原形毕露：——你的脾气太坏，而且粗心大意；——你太固执，常自以为是，你应该多听别人的意见；——你的个性太急躁了，常常沉不住气；——对于别人的托付，你从不来不会拒绝；——你的知识不够丰富，所以必须加强进修，以成为别人的“生活指导者”；——待人处事千万不能太现实、太自私，也不能耍手腕或耍花招，一切都应诚实。他把这些宝贵的逆耳忠言一一记下来，并以此随时反省自己。此后，帕蒂批评会按月定期举行，他发觉自己就像一条蚕正在慢慢地“蜕变”。每一次的“批评会”，他都有被剥一层皮的感觉。经过一次又一次的“批评会”的洗礼，他把身上一层又一层的弱点剥了下来。随着弱点的消除，他开始进步、成长。

后来，他把在“批评会”上获得的改进用在每天的推销工作中，业绩从此直线上升，成为一名优秀的推销员。

帕蒂的成功正说明了一个人应该不断地向自己的弱点挑战。挑战自我，拿自我的弱点开刀，才是成功的关键所在。但是向别人挑战易，向自己挑战难。所以，西点军校用行动告诉我们，挑战自我，就是勇于向自己的弱点和缺点宣战。因为，真正的西点军人相信，挑战已不是目的，目的是要“降服自己”，使自己成为一个“自胜者”，成为命运的主人。

青少年大都具有很强的自尊心，甚至是自恋心理，他们很难去主动地发现自己的弱点，更难以主动接受别人对自己的指正，这就导致他们失去了很多成长和完善的机会。所以，青少年应当从西点军人的身上意识到自我反省和接受批评的重要性，人人都有弱点，但是只有那些勇于承认自身弱点，并积极克服的人，才能成为最后的胜者。

提升情商箴言

如果青少年能够像西点军人一样积极面对自己的人生，勇于向自己的弱点开炮，不断提升自己，你就会发现，上帝的福音总是在最意想不到的时刻等待着你。如果青少年想获得更大的成功，那就请从最弱的地方开始吧！

提升个人竞争力

西点军校之所以闻名于全世界，除了因为它有着过硬的军事水平外，还在于西点更像一个大学。它不仅有规范的四年学制，而且非常强调军事训练以外的普通大学式的文化教育。

西点毕业生杰克·沃特曼将军曾说：“人生只有两种选择，第一是终生学习并保持不败地位；第二则是成为老古董，并且被时代的洪流给抛弃在后头。”西点军校的人都知道，读书和学习，是一辈子的事。是一个需要长期坚持和严格自律的过程。所以，西点人把每一本书、每一个人、每一件事都当作是最好的教材。他们知道，只有不断地学习，不断地积累知识，才能取得成功。

西点军校历来重视学习，在紧张的训练之余，学校从来不忘给学员们提供更多学习的机会。因为，充满智慧的西点人知道，学习是战胜一切困难险阻的智慧锦囊。西点军校成为美国军事人才的摇篮，为社会输送了大批优秀的英才，有许多人都成为统率千军万马的一代名将。可以说，是善于学习的人造就了西点军校，是善于学习赢得了胜利，创造了历史。

所以，西点学员除了正常上课以外，都处在不断学习充电当中。虽然他们已经在最好的军校学习受训，但他们依然不间断地充实自己，用学习提升竞争力。他们非常清醒地意识到，随着社会发展速度日益加快，他们只有不断更新自己的知识，才能保证在未来立于不败之地。

提升竞争力的重要性不仅限于军人，社会当中的每个人都不能离开学习。因为在今天，要想不成为时代的落伍者，要想不被竞争所淘汰，学习成了我们唯一的选择。

西点第一任校长、著名政治家、科学家乔纳森·威廉斯总是告诫西点学子：“不管你有多么伟大，你依然需要提升自己，如果你停滞在现有的水平上，事实上你是在倒退。”一个再优秀的员工，如果不懂得不断地提升自己，那么他曾经的一切优势将成为过眼云烟。所以，不断提升自己是获得事业常青的法宝，一定要懂得利用它。有资料表明，在全球500强企业中，50%以上都是学习型的企业。美国排名前25位的企业，80%是学习型企业。全世界排名前10位的企业，100%是学习型企业。可以说，重视员工的学习培训，积极创建学习型企业，正是这些企业成功的关键所在。

从企业的角度来看，随着知识经济时代的到来，企业之间的竞争逐渐表现为员工素质的竞争，只有具备高素质员工，才能形成高素质的企业；而员工的高素质，则很大程度上取决于员工的学习心态和学习能力。从这一意义上说，在新的时代背景下，企业竞争的实质是员工学习能力的竞争，企业取得优势的唯一途径就是来自于更快更高的学习能力。

如今，很多成功企业都十分重视职工的学习。例如摩托罗拉公司每年用于员工的教育培训费用超过10亿美元，其著名的大学已有14个校区，分布于世界各地；西门子公司把培训看作是竞争的要素之一，它在国内外共拥有600多个培训中心，开设了50种专业培训，每年参加各种定期和不定期培训的员工多达15万人。IBM公司的大楼上就写着“学无止境”的标语，IBM公司每年投入20多亿美元进行130万员工的培训，不仅创建了各类培训学院，还建立了网上大学，采取“自助餐式培训”的方式，为员工的自选培训提供了更多的便利，也为造就更多优秀的企业人才做后盾。

从企业员工的角度来看，员工的核心竞争力说到底就是学习能力的竞争。你只有比其他人学得更快，学得更多，你才有可能更大限度地发挥自己的聪明才智，从而在激烈的职场竞争中站稳脚跟。

戴维在戴尔公司工作了四年后，由于平时工作勤恳，连续被评为“优秀员工”的称号。上司欣赏他的进取态度，也有意向栽培他，多次想派送他去知名大学进修，但是每一次戴维都以工作太忙，或者家庭琐事为由，婉拒上司的好意，也拒绝了为自己“充电”的机会。

渐渐地戴维的知识开始跟不上科技的发展，很快就被其他的优秀员工赶超和取代，失去了原本优越的工作。这就是不懂得学习，不懂得提高个人综合水平和竞争力的下场。

很多青少年都像戴维一样，只看到眼前的个人实力和成绩，却忽略了学习的作用。青少年们必须意识到，未来的地位取决于你的学习能力。只有善于学习的人，才能获得更加长足的发展。只有在不断的学习过程中，将知识不断地转换为能力，才能永远立于不败之地。

从西点军人身上，我们已经能深刻感觉到，未来的职场竞争将不再是知识与专业技能的竞争，而是学习能力的竞争。随着知识、技能的折旧越来越快，你只有终身不懈怠地学习，才能激发自己的潜能，成为最有竞争力的人，才能在人才济济的社会里脱颖而出。生命的意义就在于不断地学习新的知识，时时注重提升自己的竞争力，从而拓宽自己的眼界，开创广阔的未来。

提升情商箴言

每个人生来都具有学习的能力。也正是由于人类具有探索未知事物的好奇心，才有了人类社会物质、精神文明的持续进步。所以，青少年千万不要满足现状，要不断提升自己的能力。